장인들의
장醬맛, 손맛

장인들의 장맛, 손맛

2017년 4월 28일 1판 1쇄 발행
2018년 1월 15일 1판 2쇄 발행

기 획　　(사)한국전통음식연구소
글쓴이　　윤숙자, 이명숙
펴낸이　　임상백
편 집　　Hollym 기획편집팀
디자인　　Hollym 디자인팀

펴낸곳　　한림출판사

주 소　　(03190) 서울 종로구 종로12길 15
등 록　　1963년 1월 18일 제 300-1963-1호
전 화　　02-735-7551~4　　　　전 송　　02-730-5149
전자우편　　hollym@hollym.co.kr　　홈페이지　　www.hollym.co.kr

ISBN 978-89-7094-968-0 13590

장인들의
장醬맛, 손맛

윤숙자·이명숙 지음

한림출판사

우리나라는 일찍부터 농경을 시작하여 곡물음식이 발달하였다. 또한 저장기술이 발달하여 각종 곡류나 두류, 채소류, 어패류를 이용한 저장 발효음식도 함께 발달했으며, 콩 등의 농작물을 재배하며 장류도 자연스럽게 생겨나 오늘날과 같은 장류 문화를 형성하게 되었다.

어려서는 친정어머니의 장 담그는 모습을 보고 자랐고, 시집와서는 시할머니에게 장 담그는 것을 배웠으며, 대학에서는 전공으로 장류의 조리괴학을 배워 장류의 이론과 실제를 정립하게 되었다. 또 서울 배화여자대학 교정 앞에 배화 졸업생들이 기증한 독을 모아 장독대를 만들어, 봄이면 전통조리과 학생들에게 장 담그기를 가르치기도 했다.

요즈음에는 개성에서 함께 남쪽으로 피난을 와서 나의 올케가 되신 이명숙 원장님과 종로 3가에 있는 사단법인 한국전통음식연구소에서 함께 근무하며 10층에 장독대를 만들어 정월에는 연구소 맞은편 종묘의 푸른 기운을 받아 장을 담그고, 가을에는 장을 갈무리하여 지인들에게 선물하기도 하였다. 또 많은 학생들과 성인들에게 장 관련 교육을 하며 지금에 이르렀다.

신기한 것은 도심 한복판에서 장을 담그는데도 따뜻한 햇볕 덕분인지, 아니면 종묘의 푸른 숲 때문인지, 가을에 장을 갈무리 해보면 그 맛이 매우 좋다.

이번에 이명숙 원장님과 함께 그간 학생들을 가르치며 여러 차례 실험을 거듭하여 쌓은 노하우를 모아 장류 책을 내게 되었다. 장류를 배우고 연구하는 학생들과 가르치는 선생님들, 농촌과 도시에 사는 주부들이 이 책을 유용하게 활용하여 우리 식탁에 장맛 나는 음식이 오르기 바라며, 이를 통해 자랑스러운 대한민국의 발효 장류가 더욱 발전해 나가기를 바라는 마음이 간절하다.

이 책이 나오기까지 수고한 한림출판사 임상백 사장님과 촬영을 맡아주신 백경호 대표, 함께 집필한 이명숙 원장님, 그리고 물심양면으로 도와준 사랑하는 제자들에게 고마움을 전한다.

2017년 4월

윤숙자

05

장아찌 담그기

장
이야기

예부터 "장(醬)은 장수(將帥)의 장(將)이다", 혹은 "가장(家長)은 모름지기 장 담그기에 뜻을 두어 오래 묵혀 좋은 장을 얻어야 할 것이다"라고 하였다. 또한 장(醬)은 모든 음식 맛의 으뜸으로 그 집안의 장맛이 좋지 않으면 좋은 채소나 고기가 있어도 좋은 음식을 만들 수 없고 장맛이 나쁘면 집안이 기운다고 하여 장 담그기에 정성을 다하였다.

한국의 장류 문화

예부터 "장(醬)은 장수(將帥)의 장(將)이다", 혹은 "가장(家長)은 모름지기 장 담그기에 뜻을 두어 오래 묵혀 좋은 장을 얻어야 할 것이다"라고 하였다. 또한 장(醬)은 모든 음식 맛의 으뜸으로 그 집안의 장맛이 좋지 않으면 좋은 채소나 고기가 있어도 좋은 음식을 만들 수 없고 장맛이 나쁘면 집안이 기운다고 하여 장 담그기에 정성을 다하였다.

장은 담그기에 알맞은 철인 음력 정월부터 3월 초 사이에 주로 담가 왔으며, 특히 정월에 담근 장맛을 최고로 쳤다. 저온일 때 담근 장이라야 쉽게 변질되지 않고, 또 날씨가 풀림에 따라 골고루 알맞게 익어 특유의 감칠맛이 나기 때문이다. 음력 정월 말날인 오일, 그믐, 손 없는 날, 병인일, 정묘일, 제길신일, 정일, 우수, 입동, 삼복이 장 담그기 좋은 날이라 하였다.

시대별 장류 이야기

우리나라 삼국시대 이전의 장(醬)은 간장과 된장이 섞인 혼용장(混用醬)으로 걸쭉한 장이었다. 삼국시대에 들어와서는 간장과 된장으로 분리된 단용장(短用醬)을 사용하였다. 장독에 용수를 박아 용수 안에 고이는 즙액인 간장을 따로 뜨고 건더기는 된장으로 활용하였다.

B.C. 3세기경 쓰인 문헌『주례(周禮)』에 처음 등장하는 장은 해(醢), 혜(醯)와 같은 육장(肉醬)으로 중국에서 처음 시작되었다. 해(醢)는 고기(새, 짐승, 물고기)를 햇볕에 말려서 곱게 간 가루를 술에 담근 후, 조로 만든 누룩과 소금을 섞어 항아리에 넣고 봉하여 100일 동안 어두운 곳에서 숙성시켜 얻은 것이며, 혜(醯)는 청매즙을 첨가하여 신맛이 나게 한 것이다.

우리나라의 장은 콩으로 만든 두장(豆醬)이었다. 콩의 원산지를 만주로 보는데, 만주는 고구려 땅이므로 콩 재배의 시작은 우리 조상들에 의해 이루어졌으며, 이를 가공하여 장(醬)을 만들었다고 보여진다. 중국 문헌인『삼국지(三國志)』「위지동이전(魏志東夷傳)」에는 "고구려 사람이 발효식품을 잘 만든다"고 표기되어 있다. 이는 고구려인의 장 담그기 솜씨가 훌륭하다고 하여 우리 민족이 일찍부터 발효식품을 잘 만들었음을 보여준다.

우리나라 삼국시대의 장에 대한 기록은『삼국사기(三國史記)』(1145년)「신라본기(新羅本記)」에 기록되어 있다. 신문왕 3년(683년)에 왕이 김흠운의 딸을 부인으로 맞이하는데, 납폐 품목에 "미(米), 주(酒), 유(油), 밀(蜜), 장(醬), 시(豉, 메주), 포(脯) 등 135수레를 보냈다"는 내용에서 시(豉)가 있는 것을 보아 그 당시 장류의 중요성이 높게 인식되었다는 것을 알 수 있다.

고려시대에는 굶주린 백성을 구제하기 위하여 쌀, 조와 함께 장(醬)과 시(豉)를 나누어 주었다는 기록이 있다. 『고려사(高麗史)』(1451년) 「열전(列傳)」 최승로조(崔承老條)에 임금이 장주(醬酒)와 시갱(羹)을 길에서 나누어 주었고, 현종 9년(1018년)에는 거란의 침입으로 추위와 굶주림에 떠는 백성들에게 소금과 장을 나누어 주었으며, 문종 6년(1052년)에 개경의 백성 3만여 명에게 쌀, 조, 시를 내렸다는 기록이 있어 장이 우리 조상들에게 필수적인 식품이었다는 것을 알 수 있다.

조선시대에 들어오면서 메주에 의한 장이 주류를 이루게 된다. 명종 9년에 간행된 『구황촬요(救荒撮要)』(1554년) 1권 1책에 장류제법(침장법)이 언급되어 있는데, 내용을 보면 세종대왕 전후에 이미 장 만드는 기술이 다양하게 발달된 듯하다. 유중림의 『증보산림경제(增補山林經濟)』(1766년)에는 45종에 달하는 다채로운 장류제법이 분류·정리되어 있다.

궁중에서는 '장고마마'라는 장 담당 상궁을 두어 장독을 간수하게 할 정도로 장맛에 신경을 썼다고 하는데, 궁중의 진장은 메주에서부터 서민 가정의 것과는 차이가 났다. 궁중에서는 콩을 쑤어 메주를 띄워 만든 장이 아니라, 공물로 메주를 받아 장을 만들었다. 궁중의 메주는 자하문 밖에서 메주 전문가가 만들어 바쳤는데 이를 '절메주'라 불렀다. 절메주는 억새가 나오는 시기에 검정콩으로 쑤어서 뭉친 것으로, 억새를 베어다가 메주 사이사이에 놓고 두엄처럼 덮어서 단시일에 까맣게 띄워서 만들었는데, 메주가 잘 뜨면 볕에 말렸다가 사용했다고 한다.

중장은 집메주로 쑤는데 집메주도 메주 전문가가 빠르면 음력 10월부터 늦으면 동짓달에 쑤었다. 메주의 모양은 목침 모양으로 네모반듯하게 만들어 일반 메주 띄우는 것과 같은 방법으로 만들어 궁중에 진상했다. 그래서 궁의 간장은 주로 진장과 중장을 많이 사용했다.

16세기 임진왜란을 전후하여 일본에서 고추가 유입되면서 우리 식생활에 큰 변화를 가져오게 된다. 17세기 후반부터는 고추를 말려 가루 내어 사용하기 시작했다. 18세기에는 종래의 장에 고춧가루를 첨가한 '막장' 형태의 고추장이 만들어졌으며, 거듭된 장류의 발달로 조선시대에는 20여 종을 헤아릴 만큼 다양해졌다. 19세기에 이르러서는 더 맛있게 고추장 담그는 법이 개발되어 현재의 담금법과 동일한 방법으로 이어져 내려오고 있다.

근대 우리나라 재래 장류는 1900년 이후 자연과학의 연구 부진과 일제강점기 시대 일본식 장류공업의 침입으로 크게 발달하지 못했다. 해방 후 군용식품으로서 큰 수요를 갖게 되면서 비로소 한국인에 의해 장류가 기업화, 산업화되기 시작했다.

현대에는 된장, 간장, 고추장 등 전통 장류가 웰빙 식품으로 인식되고 세계적으로 발효음식에 대한 관심이 높아지는 등 그 위상이 올라가고 있다. 그에 따라 우리의 대표적 발효 식재료인 전통 장을 선보이고 한식의 우수성을 널리 알리고자하는 노력이 이어지고 있다. 지역마다 가업마다 개성 있는 다양한 전통 장류 담그는 기법이 세대를 이어 전수되고 있으며, 기업 중심의 양주 장류도 발달되어 장류의 대중화에 힘을 보태고 있다.

전통 장 이야기

　우리 옛 문헌에 보면 장 담그기에 대한 다양한 기록들이 나온다. 예를 들어 『규합총서(閨閤叢書)』(1815년)에 "장(醬) 담글 때 쇠 그릇 하나를 기름기 없이 하여 잠깐 삶고, 전복 사오십 개를 고아 밑에 넣어 담그고 위에 대추를 띄워라"고 하여 맛있는 장 담그기를 소개하고 있다.

　장이 맛있으려면 3년은 지나야 하는데 『조선요리제법(朝鮮料理製法)』(1917년)에 겉만 살짝 익힌 쇠고기나 도라지, 인삼가루를 넣거나 숯을 빨갛게 달구어 밑에 넣은 후 꿀을 붓고 메주를 넣는 방법을 소개하고 있다.

　옛날에는 미생물에 의해 일어나는 발효작용을 몰랐기에 장 담그는 일이 일종의 상서로운 행사였다. 3일 전부터 부정한 일을 피하고 당일에는 목욕재계한 후 음기(陰氣)를 발산하지 않기 위해 조선종이로 입을 막고 장을 담갔다고 한다.

간장은 우리나라 고유의 전통 식품으로 장기간 저장이 가능하며 음식을 만드는 데 기본적으로 사용하는 조미료이다. 간장의 '간'은 소금기의 '짠맛'을 의미하고, 된장의 '된'은 '되다'의 뜻이 있다. 대두 그 자체는 소화흡수가 쉽지 않으나, 메주를 띄우는 동안 천연 미생물이 분비하는 효소에 의해 콩 성분이 분해되어 아미노산, 유기산, 유리당이 증가하여 소화율이 높아지고 영양가가 많아지며 독특한 맛과 향을 내게 된다. 재래간장과 된장은 미생물 작용에 의한 발효 과정을 통해 원료에 함유되어 있지 않은 유익한 성분이 생겨나면서 영양가 및 저장성이 향상되는 과학적인 발효식품이자 한국적인 맛을 상징하는 저장성 조미료 식품이다. 곡류 중심의 식생활에서 간장은 첨가된 소금의 짠맛과 함께 곡류의 단맛, 아미노산의 구수한 맛, 감칠맛과 향기까지 내는 발효 용액으로 음식의 풍미를 더하고 그 맛을 좌우하며 우리 식생활에 중요한 몫을 차지하고 있다.

간장의 분류 및 종류

간장은 담근 햇수에 따라 진간장, 중간장, 묵은 간장 등으로 나눌 수 있다. 원료와 제조법에 따른 분류도 가능한데, 우리나라 전통 방식으로 콩만을 가지고 만든 것과 일본 간장과 같이 콩에다 밀과 같은 전분질 원료를 곁들여 만든 것이 있고, 또 아미노산 간장이라 하여 단백질을 가수분해 시켜 속성으로 만든 것 등이 있다.

우리나라 고유의 전통 간장을 크게 분류하면 다음 두 가지로 나눌 수 있다.

국간장

주로 미역국, 콩나물국과 같이 국을 끓이는 데 사용되는 간장으로, 색깔이 진하지 않으며 감칠맛이 나고 단맛이 적은 것이 특징이다.

진간장

생선조림, 장아찌, 구이를 만들 때 사용되는 간장으로, 국간장을 오래 묵혀 만든다. 국간장보다 오랜 시일이 경과되므로 아미노산과 당이 방출되어 갈색의 멜라닌 색소, 캐러멜 색소 등을 생성하여 색깔이 진하게 우러나온다.

재래간장의 제조 과정

음력 10월부터 동짓달 사이에 국산 해콩으로 만든 메주는 콩 특유의 구수하고 향긋한 냄새가 난다. 잘 띄워진 좋은 메주는 겉은 흰빛을 띠면서 노란 곰팡이와 흰 곰팡이가 표면으로 나온 것이 좋고, 속은 황갈색이 좋다. 바실러스 서브틸리스균^{bacillus subtilis}은 흰색의 곰팡이며, 황국균(코지균)^{aspergillus oryzae}은 노란색 곰팡이로 메주의 발효에 유익한 균이다. 검은색 곰팡이는 잡균이 부패를 일으킨 것으로 이런 메주로 장을 담갔을 경우 쓰고 짠맛이 강하다. 메주를 볏짚에 매달아 말리는 이유는 자연 미생물이 발효에 도움을 주기 때문이다. 볏짚에 붙어있는 야생 고초균의 일종인 바실러스 서브틸리스균이 자연 미생물과 만나 장의 발효를 돕는다.

① 기본재료 준비

② 소금물 만들기

③ 메주 담기

④ 소금물 붓기

⑤ 염도 측정

⑥ 숯, 빨간 고추, 대추 첨가

⑦ 발효 시작

⑧ 거르기(액체→간장, 고체→된장)

⑨ 간장 떠내기

⑩ 간장 달이기

⑪ 숙성

⑫ 간장 완성

　메주는 묽은 소금물에 2회 세척한 후 반으로 쪼개 채반에 담아 3~4일 정도 햇볕에 말린다.
메주를 항아리의 반 정도까지 넣고 미리 녹여 놓은 소금물을 8부 부어 채운다. 숯, 빨간 고추,
대추 등을 넣고 면포로 씌워 양지에 둔다. 이때 소금물은 염도계로 약 17~19°Bé 정도가 좋다.

① 간장을 달임으로써 유해한 미생물을 살균하고 효소를 파괴해 간장의 부패를 막고 저장 중에 발생할지도 모르는 변질을 예방한다. 80℃ 정도의 온도에서 15~20분 정도 거품을 걷어내면서 달인 후에 완전히 식혀서 항아리에 붓고 뚜껑을 덮어 저장한다.

② 분해되지 않고 용해된 단백질을 응고시켜 장을 맑게 하는 효과와 졸이는 효과가 있다.

③ 가열로 색이 나게 하는 효과가 있으며, 향기가 약한 생 간장을 달임으로써, 알데히드aldehyde와 아세탈acetal이 생성된다. 또한 아미노산의 분해 산물인 멜라닌melanin과 멜라노이딘melanoidin 성분에 의해 간장이 갈색을 띠게 된다. 간장 특유의 냄새는 알코올alcohol, 알데히드aldehyde, 케톤ketone, 에스테르ester, 페놀phenol 등이 혼합되어 생긴 것이다.

간장을 달일 때 처음에는 센 불에 올리고 일단 끓어오르면 중불로 낮추어 거품을 걷어내면서 은근하게 달이다가, 거품이 더 이상 생기지 않으면 불을 끄고 식혀 맑은 층의 간장만을 사용한다. 장을 달인 후에 항아리에 담아 양지에 보관하면서 햇볕을 자주 쪼여 익힌다.

저장 및 보관

긴긴징의 서상성은 대단하여 1982년 발견된 100년 묵은 간장을 전라도 수영(水營) 관(官)이 보관하여 지금까지 변하지 않고 내려온다.

간장의 색이 탁한 검은빛을 띠는 것은 맛이 없고 냄새가 난다. 맛 좋은 간장은 노란빛이 도는 검은색을 띠며, 특유의 짠맛과 단맛을 느낄 수 있다. 냄새가 퀴퀴하고 신맛이 나는 것은 보관을 잘못한 것으로 변질되었을 가능성이 있다.

간장을 잘못 보관하면 위에 하얀 켜가 생겨 먹을 때마다 건져내야 하는데 결국에는 맛도 변한다. 이를 방지하기 위해서 햇볕이 강한 날 오전 10시에서 오후 3시까지 뚜껑을 열어놓고 4~5시간 정도 일광욕을 시켜주는 것이 좋다. 이렇게 하면 맛도 좋아질 뿐더러, 독 안에 괴어 있는 냄새도 없앨 수 있다.

장독 준비와 항아리 소독 방법

　장독 항아리는 입이 크고 유약을 바르지 않은 것이 좋다. 장독 표면을 잘 닦으면서 관리하면 공기가 잘 통하게 되어 좋다.

　항아리를 소독할 때는 우선 가마솥에 물을 조금 붓고 청솔가지를 넣고 쳇다리를 올린다. 내부를 더운 물로 깨끗이 세척한 항아리를 뒤집어 쳇다리 위에 올리고 가마솥에 불을 지펴서 청솔가지의 향기가 수증기로 항아리 속에 들어가게 한다. 청솔가지가 없으면 짚이나 한지를 이용해도 된다.

장류의 발효과학과 정서

참숯

숯은 흡착하는 성질이 있어 나쁜 냄새나 성분을 흡수하고, 간장을 맑게 해준다.

고추

고추에 들어 있는 매운맛의 캡사이신^{capsaicin}이 살균 작용과 방부 효과가 있으며, 고추의 붉은 색은 귀신이 싫어하는 색이므로 액운을 막는 주술적 의미가 있다.

대추

대추는 단맛을 내고 붉은빛을 띠는데 대추의 붉은색은 고추와 마찬가지로 주술적 의미가 있다.

버선

한지(흰 닥나무종이)로 버선본을 만들어 거꾸로 붙이는데 이는 벌레들이 근접하지 못하도록 방지하는 효과가 있다. 장맛이 변하더라도 다시 제맛으로 돌아오기를 바라거나, 악귀가 버선 속으로 들어가면 나오지 못하게 하기 위한 주술적 의미도 있다.

청솔가지

청솔가지의 푸른색은 양의 색을 나타내며, 이 또한 귀신의 근접을 막는 주술적 의미가 있다.

금줄

볏짚에는 호기성 균인 바실러스 서브틸리스$^{bacillus\ subtilis}$의 균주가 있어 발효가 잘되도록 돕는 효과가 있다. 잡귀가 먼저 장맛을 보면 장맛이 변한다고 하여 이를 막기 위해 성인 남자 새끼손가락 정도의 굵기로 꼰 새끼줄에 숯덩이와 빨간 고추, 솔가지를 간간이 꽂아서 만든 금줄을 독에 매어놓았다. 금줄은 왼새끼로 귀신이 싫어하는 모양이라 하여 귀신을 막는다는 주술적 의미가 있다.

장독대

장독대는 볕이 잘 들고 바람이 잘 통하는 곳에 마련하는 것이 좋다. 장독은 아침저녁으로 깨끗이 닦아내고, 주변 또한 항상 청결히 한다. 햇볕이 좋을 때 장독 뚜껑을 열어두고 볕을 쪼여 유해 미생물을 제거하고 유익한 미생물의 증식을 향상시켜 발효가 잘되도록 한다. 대략 큰 독, 중간 독, 작은 독의 순으로 키를 맞추어 놓고 간수를 잘 해야 한다. 그중 중간 독에는 된장, 고추장, 막장을 보관하는데, 고추장용 항아리는 볕을 많이 받을 수 있도록 항아리 입구가 넓고 복부가 큰 것을 사용한다. 장독대 주변에 붉은색의 맨드라미나 봉선화를 심어 장맛을 해치는 잡귀의 접근을 막는다는 의미를 두기도 하였다.

항아리 뚜껑 열어주기

장을 담근 후 항아리 뚜껑을 오전에 열고 오후에 닫아주며 적당하게 햇볕을 쪼여주는데, 이것은 습도를 조절하고 곰팡이가 생기지 않게 하여 장맛을 좋게 하기 위함이다.

고금문헌(古今文獻)에 보면, "된장은 성질이 차고 맛이 짜며 독이 없다"고 하였다. 이렇듯 콩 된장은 해독과 해열에 사용되어 벌레나 뱀, 벌 등에 물리거나 쏘여 생긴 독을 풀어주며, 불이나 뜨거운 물에 덴 데, 또는 머리가 터진 데 발라 치료했다. 일꾼들이 명절에 어쩌다 술병이라도 나면 된장국으로 속풀이를 했다고도 전해진다. 된장은 '된(물기가 적은, 점성이 높은) 장'이라는 뜻으로 청장과 대조를 이룬다.

된장은 예부터 전해 내려오는 우리나라 전통 식품으로 구수한 고향의 맛을 상징한다. 우리 조상들은 된장이 '오덕(五德)'을 지녔다고 하였다.

첫째, 단심(丹心) – 다른 맛과 섞여도 제맛을 낸다.

둘째, 항심(恒心) – 오랫동안 상하지 않는다.

셋째, 불심(佛心) – 비리고 기름진 냄새를 제거한다.

넷째, 선심(善心) – 매운 맛을 부드럽게 한다.

다섯째, 화심(和心) – 어떤 음식과도 조화를 잘 이룬다.

콩으로 메주를 쑤는 법은 『증보산림경제』에서 보이기 시작하여 오늘날까지도 된장 제조의 기본을 이루고 있다.

항아리를 고를 때는 너무 크지 않은 것이 좋으며, 된장이 항아리 주둥이 부분까지 차있어야 햇볕을 많이 받을 수 있어 발효가 잘되고, 변질이 되지 않는다.

된장의 분류 및 종류

재래된장은 그 종류가 다양하여 막된장, 토장, 막장, 담북장, 즙장, 생황장, 청태장, 팥장, 청국장, 집장, 두부장, 지례장(찌엄장), 생치장, 비지장, 깻묵장, 등겨장, 가리장 등으로 구분할 수 있다.

재래된장의 제조 과정

방법 ①

① 기본재료 준비　　②담금 후 발효　　③ 거르기

④ 된장 주무르기　　⑤ 건더기 익히기　　⑥ 된장 완성

옛날부터 가정에서 만들어온 방법으로, 간장 제조 과정과 마찬가지로 콩으로 메주를 만들고 이것을 소금물에 담근다. 대체적인 발효가 끝나면, 메줏덩어리를 걸러내어 액체 부분은 간장으로 만들고, 건더기는 소금을 더 넣어 다른 항아리에 재워두면 재래된장이 된다.

① 기본재료 준비　　② 담금 후 발효　　③ 된장 거르기

④ 보리죽 쑤기　　⑤ 보리죽과 된장 주무르기　　⑥ 된장 완성

　잘 뜬 메주와 소금만을 가지고 담그는 된장이다. 심심한 소금물로 깨끗이 씻은 메주를 여러 조각으로 쪼개서 햇볕에 말린 다음 물을 자작하게 부어 10일 동안 재워놓는다. 메주가 부드럽게 불면 고슬고슬하게 풀어놓았다가 한 김 나간 보리죽과 잘 섞는다. 소금으로 간을 한 후 약간의 메줏가루를 더 섞어 독에 담아 보관한다.

고추장은 고추가 유입된 16세기 이후에 개발된 장류로 조선 후기 식생활 양식에 큰 변화를 가져왔다. 고추는 임진왜란(1592년)을 전후로 하여 일본으로부터 우리나라에 전래되었다고 전해진다.

따라서 초기에는 '일본에서 온 매운 나물'이라는 뜻의 '왜개자(倭芥子)'라 불렸고, 귀한 식품이라 하여 '번초', '약초'라 불리기도 했다. '고추'라는 이름은 후추와 비슷하면서 맵다 하여 '매운 후추'라는 의미에서 붙여진 것이라 한다.

초기에는 고추 자체를 술안주로 먹거나 고추씨를 사용하다가 17세기 후반에는 고추를 가루 내어 사용했다.

고추 재배법의 보급으로 고추의 사용이 일반화되어 종래의 된장, 간장 겸용장에 매운맛을 첨가시키는 고추장 담금으로 변천·발달되었다. 천초를 섞어 담근 장을 '초시'라고 하는데 이도 점차 고추장으로 대체되었다.

고추장 담금법에 대한 최초 기록은 조선 중기의 『증보산림경제』(1766년)에 만초장이 기록되어 있는데, 막장과 같은 형태의 장으로, 여기에는 고추장의 맛을 좋게 하기 위해 말린 생선, 곤포(昆布, 다시마) 등을 첨가한 기록이 있다.

고추장의 분류 및 종류

고추장은 메줏가루와 함께 넣는 주재료의 종류에 따라 찹쌀고추장, 멥쌀고추장, 보리고추장, 밀가루고추장, 팥고추장, 떡고추장, 무거리고추장 등으로 구분된다. 당질, 단백질, 비타민 등이 고루 함유되어 있는 고추장은 이용 방법에 따라 초고추장, 막고추장, 장아찌고추장으로 크게 구분할 수 있다.

초고추장

복(福)을 싸먹는다고 믿는 쌈 싸먹는 풍습과 함께 쌈장으로, 혹은 회 접시 옆에 놓는 초고추장으로 직접 상에 올린다.

막고추장

생선, 채소, 나물 등에 고추장을 많이 풀어 넣고 지지는 '고추장지짐이'와 고추장에 물을 조금 부어 고기, 파, 두부 등을 넣고 끓인 '고추장찌개용'으로 사용한다.

장아찌고추장

더덕, 송이, 무, 오이, 가지, 고추, 두부, 전복, 생강 등의 재료로 장아찌를 담글 때 사용하는 고추장이다.

재래고추장의 제조 과정

① 기본재료 준비　②백설기 찌기　③백설기와 삶은 콩 섞어 찧기

④성형　⑤발효(짚)→균 생성→건조　⑥마른 메주 곱게 빻기

　콩은 물에 불려 삶고, 멥쌀은 가루로 빻아 물을 섞어 백설기로 찐다. 콩 삶은 것과 백설기 찐 것을 절구에 찧어 주먹만 하게 빚고 하루 정도 두어 겉을 말린다. 겉이 마르면 상자나 시루에 볏짚을 깔고 메주와 켜켜이 안쳐 더운 곳에 둔다. 7~8일 경과 후 하얗게 곰팡이가 피면 볕에 말린다. 이것을 다시 상자에 넣고 두세 차례 반복하여 바짝 말린다.

　고추장 메주는 간장 메주보다 곰팡이가 덜 뜨게 해야 하며, 곰팡이가 지나치게 많이 피면 퀴퀴한 냄새가 난다. 바짝 마른 메주는 솔로 깨끗이 씻어 잘게 쪼갠 뒤 통풍이 잘되는 곳에 말렸다가 가루로 곱게 빻는다. 빻은 메줏가루도 3~4일 볕에 말려야 좋은데, 이는 메줏가루 특유의 냄새를 없애기 위함이다.

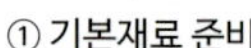

① 기본재료 준비

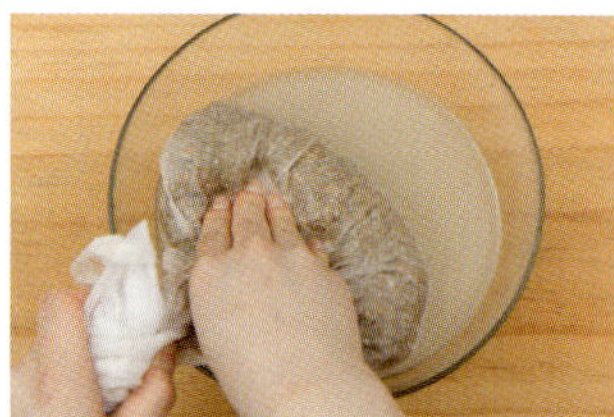

② 엿기름 웃물 준비

③ 찹쌀죽 쑤기

④ 혼합

⑤ 웃소금 얹기

⑥ 고추장 완성

고추는 색깔이 빨간 태양초를 선택하여 고추씨를 빼고 곱게 가루를 낸다. 고추장용 고추는 빨갛고, 달고, 맵고, 가루가 많이 나는 것이 좋다.

엿기름가루는 늦가을 보리를 물에 축여 싹을 틔워 말려둔 것을 빻은 것이다.

재래고추장 담그는 과정을 살펴보면, 고추장 종류에 따라 곡물을 마련하며, 잘 씻은 쌀을 하룻밤 불려서 찧어 가루로 만들고, 물을 끓여 따뜻하게 식힌 후 엿기름을 불린다. 불린 엿기름을 고운체에 밭쳐 놓고, 걸러낸 물은 가라앉힌다. 냄비에 엿기름 웃물을 가만히 따라 붓고 찹쌀가누늘 넣어 곱게 풀어 약한 불에 얹어 45℃ 정도로 데운다. 불을 끄고 내려서 따뜻하게 두어 찹쌀가루를 삭힌다. 삭힌 찹쌀가루를 약하게 끓여 약 2/3 정도가 되도록 졸인 후 넓은 그릇에 쏟아 뜨거울 때 메줏가루를 넣어 섞고, 한 김이 나가면 고춧가루를 넣어 빛깔을 낸다. 하루 정도 지난 다음 소금으로 간하여 고추장을 완성시킨다. 고추장을 항아리에 담아 웃소금을 얹고, 고운 면포로 덮은 뒤 양지바른 곳에 두어 숙성시킨다.

엿기름의 사용법

고추장 제조의 원료인 '엿기름'이란 보리에 물을 부어 싹을 내어 말린 것으로 엿과 식혜, 고추장을 만드는 데 쓰인다. 고추장에 메주와 함께 들어가는 엿기름은 파랗게 싹을 틔운 보리를 말린 것이 상품이다. 엿기름은 음식의 맛을 좌우하는 중요한 원료가 되므로 깨끗하고 싹이 보리 낱알 길이만큼 알맞게 나도록 잘 길러야 한다.

저장 및 보관

어느 정도 시일이 지나 고추장이 항아리에서 부글부글 끓어 넘치거나 흰 곰팡이가 피면, 이 것은 간이 싱겁거나, 항아리가 소독이 안 되었거나, 날물이 들어간 경우이다.

고추장은 매년 새로 담가 먹을 정도의 알맞은 양을 준비하는 것이 좋으며, 남은 고추장은 장아찌용으로 쓰면 좋다.

장항아리 손질을 잘 하는 것도 맛있는 고추장을 먹을 수 있는 지혜라 할 수 있다. 진한 붉은 색을 띠는 고추장을 깨끗한 항아리에 잘 담은 뒤, 웃소금을 듬뿍 얹고 고운체 또는 면 보자기로 덮어 볕이 좋은 날 2~3일 간격으로 단지 뚜껑을 열어놓고 햇볕을 쪼이면 발효가 잘되고 영양 성분이 좋아진다.

유중림에 의해 출간된 『증보산림경제』(1766년)에 나온 시(豉)의 설명을 보면 "대두를 잘 씻어 삶아서 고석(볏짚)에 싸서 따뜻하게 3일간 두면 실 같은 점질물이 난다"고 하였다.

홍만선의 『산림경제』(1715년)에 '전국장'이라는 명칭이 처음 기록되었다. 전시(戰時)에 부식으로 단시간에 시급히 제조할 수 있어 붙여진 이름으로 '전국장(戰國醬)'이라 한다는 설이 있다. 청나라로부터 전래되었다는 의미로 '청국장(淸國醬)'이라고도 하며, '전시장'이라고도 한다.

가을부터 이듬해 봄까지 만들어 먹는 식품으로 콩과 볏짚에 붙어 있는 바실러스 서브틸리스균^{bacillus subtilis}을 이용하여 만든 장이 청국장이다. 콩 발효식품류 중 가장 짧은 기일(2~3일)에 완성할 수 있으면서 그 풍미가 특이하고 영양적·경제적으로도 가장 효과적인 콩의 섭취 방법으로 인정되고 있다.

청국장은 각 지방 또는 가정마다 제조 방법이 일정하지 않은데 그 이유는 볏짚을 깔고 청국장을 띄울 때 거기에 부착된 고초균의 종류가 다르기 때문이다.

청국장의 분류 및 종류

청국장은 우리의 재래청국장과 일본의 낫토^{natto}로 구분 할 수 있다.

우리의 청국장은 바실러스 서브틸리스균을 주로 이용하며, 일본의 낫토는 바실러스 낫토$^{bacillus\ natto}$를 순수하게 배양한 것을 이용한다. 발효 과정이 비슷하지만 우리의 청국장은 파, 마늘, 고춧가루, 소금을 넣어 갈아부순 다음 이를 숙성시켜 저장성을 갖게 한 점이 다르다.

우리의 재래청국장은 끓여 먹는데, 일본의 낫토는 간장과 달걀을 넣고 저어서 그대로 먹는 것이 일반적이다. 청국장과 낫토는 먹는 방법은 다르지만, 고초균을 이용하여 제조한 발효식품이라는 점에서 서로 유사하다.

청국장의 제조 과정

청국장은 가을에서 초봄 사이에 담는다. 메주콩을 쑤어 식기 전에 시루에 볏짚을 깔고, 그 위에 뜨거운 메주콩을 담은 후, 아랫목에 이불을 씌워 40℃에서 2~3일간 보관한다. 이렇게 하면 볏짚에 붙어 있는 야생 고초균의 일종인 바실러스 서브틸리스가 번식하여 실 모양의 끈끈한 점질물이 생성된다. 번식하는 청국장균의 최적 온도는 40~42℃이다.

청국장은 단시간에 제조하여 쉽게 만들어 먹을 수 있는 단백질 발효식품으로 단백질의 이용률을 높이며 소화가 잘될뿐 아니라 영양가가 높다. 기호와 저장성을 위해 마늘, 고춧가루와 함께 소금을 넣어 가을과 겨울철에 수시로 만들어 먹을 수 있다.

별미장은 메주 외에 여러 가지 부재료를 넣고 만든 특별한 장이다. 지방에 따라, 재료에 따라 그 종류가 다르며, 숙성 온도와 숙성 시간에 따라서도 다양하게 나뉜다.

담북장

『증보산림경제』(1766년)에는 '담수장법'이라 기록되어 있다. 『조선요리제법』(1913년)에는 "메주는 무장 메주 쑤듯 쑤어서 곱게 빻아 고운체로 친다. 여기에 고춧가루를 알맞게 섞어서 하룻밤 재운 다음, 간장을 조금 치고 소금으로 간을 맞춘다. 급히 먹으려면 더운 곳에서 3~4일간 익힌다."라고 하였다.

담북장은 햇장이 만들어지기 전에 만들어서 봄철에 먹는 별미장으로 그냥 먹기도 하고 쇠고기나 무를 넣고 찌개를 끓여 먹기도 한다.

어육장

쇠고기 말린 것 등의 고기와 생치, 도미, 전복 등의 해물을 항아리에 차곡차곡 담고 메주로 간장 담그듯하여 소금물을 붓고 담그는 간장으로 주성분인 고기와 해물에서 우러나온 맛 성분으로 인해 다른 장에 비해 구수하고 부드러운 맛을 낸다.

합자장

홍합을 건조하여 삶아 건더기를 버리고, 그 물에 소금을 알맞게 넣고 진하게 끓여서 간장처럼 만든 것으로 동물성 성분이 우러나 감칠맛을 낸다. 주로 남해지방 채소요리에 많이 쓰인다.

집장

저자 미상의 조선시대 조리서인 『주방문(酒方文)』(1600년 말엽 추정)에 기록되어 있을 정도로 그 역사가 오래된 장이다. 가을철에 주로 담그는데 지방마다 재료가 조금씩 다르지만 충청도, 전라도, 경상도 등 중남부 지방에서 모두 만들어 먹었다. 지방에 따라서는 여름이나 정월에도 담그는데 여름에는 7월에 장을 만들어 두엄더미 속에 넣어 삭혀두었다가 꺼내 먹기도 하고, 늦가을이나 초겨울에는 끝물인 채소를 갈무리하면서 많이 담근다. 집장은 빠른 발효를 위해 엿기름을 넣고 따뜻한 곳에 두어 7~8시간 안에 익혀서 먹는 장이다.

지례장

지례장은 햇장을 담그고 숙성되기 전까지 '지레(미리) 먹는 장'이라 하여 붙여진 이름이며, 지방에 따라 '무장', '지름장' 또는 '찌엄장'이라고도 한다. 10월에 장 메주를 쑬 때 지례장 용도로 따로 조그맣게 덩이를 만들어서 띄운다. 먹을 때는 그대로 먹지 않고 잘 익은 동치미나 총각김치에 쇠고기 편육, 돼지고기 등을 넣고 찌개로 끓여 먹거나 삼삼하게 쪄서 밥반찬으로 먹는다.

두부장

『규합총서』(1815년)에 "두부 두 채반을 굵게 저며서 소금 한 접시를 골고루 뿌려 자루에 넣고 압착하여 물을 뺀 뒤 베주머니에 넣고 봉하여 고추장이나 간장 속에 넣는다"고 하였다. '뚜부장'이라고도 하며 사찰음식의 하나이다. 두부를 주머니에 넣어 된장이나 고추장에 박아서 오래 묻어 두었다가 꺼내 먹는 장으로 고소하고 부드러워 주로 반찬으로 이용되었다.

비지방

두유를 짜고 남은 콩비지로 담근 장으로, 비지를 띄워 배추김치를 넣고 끓여 먹는다. 매우 부드럽고 구수한데 콩비지찌개와는 또 다른 맛이 난다. 비지장은 날이 더우면 쉽게 상할 수 있기 때문에 만들지 못하는 단점이 있다.

청대콩을 익혀 떡 모양으로 뭉치고 콩잎을 이용해 발효시켜 담근 된장으로, 청대콩 메주를 더운 장소에서 띄우고 햇고추를 섞어 간을 맞춘다.

꿩으로 만든 장의 일종으로, 암꿩의 살코기, 조피가루, 생강즙, 장물로 간을 맞추어 볶아서 만드는데 마르지도 질지도 않게 한다.

『규합총서』(1815년)에는 "팥을 맷돌에 갈아서 까불러 껍질을 버리고 반나절쯤 물에 담가둔다. 불린 팥을 건져서 말린 후 남은 껍질을 없앤다. 팥을 씻어 정하게 일어 삶고 밀가루와 합하여 얹어 바람 통하는 곳에 매달아 두었다가 그 이듬해 이월 보름 경에 마른 행주로 흰 것을 말갛게 닦아내고 곱게 빻는다. 섣달에 팥 분량의 반이 되는 소금을 물에 타서 버무린 후 두 달 후에 먹는다."라고 하였다.

콩 띄운 것에 참깻묵(참기름을 짜고 남은 찌꺼기)은 섞은 것으로 남부 지방에서 주로 담근 별미상이다.

그 외에 보리 속겨를 익반죽해서 뭉친 뒤 불에 구워 그 가루를 보리밥과 섞어 만드는 등겨장, 콩을 볶아서 맷돌에 간 뒤 삶아서 시루에 띄우는 볶음장 등이 있다.

장 식품 중량표

일반적으로 부피를 잴 때는 200cc 1컵, 1큰술, 1작은술, 1/2작은술 등이 많이 쓰이나 곡물이나 장류 등의 제조에는 홉, 되, 말을 많이 쓴다. 물이나 액체의 계량은 1되를 1.8ℓ(1.8kg)로 취급한다.

홉, 되, 말과 컵(cup)의 비교

홉	되(大升)	말
1홉 = 200cc 5홉 = 小升 1되 10홉 = 大升 1되	1되 = 2.000cc = 2ℓ 1되 = 10홉	1말 = 10되(大升) = 20ℓ

표준 계량

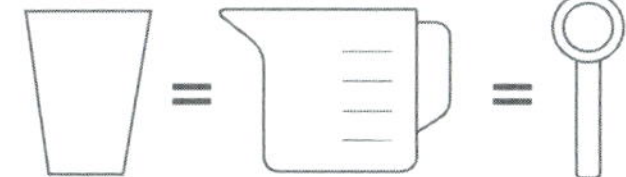

1컵(Cup) = 200cc
= 약 13큰술(Table Spoon)

1큰술(Table Spoon) = 15cc
= 3작은술(tea spoon)

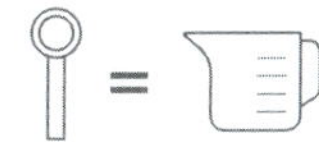

1작은술(tea spoon) = 5cc

되(大升) 기준 재료의 계량

재 료 명	부피(ℓ)	중량(kg)
메주	2	1.6
메줏가루	2	0.8
삶은 보리쌀	2	1.3
고춧가루	2	0.8
간장	2	2.3
된장	2	2.8
고추장	2	2.6
멥쌀(또는 찹쌀)	2	1.6
멥쌀가루(또는 찹쌀가루)	2	1
콩	2	1.6
물	2	2
소금	2	1.3
엿기름가루	2	1.15

장류 재료의 특징

콩

메주콩은 가을에 수확되는 해콩으로 알이 굵고, 잘 여물고, 껍질이 황색이며, 벌레 먹지 않은 것이 좋다.

소금

소금은 짠맛을 내며 부패를 방지하고 유익한 영양 성분을 제공한다. 장 담그기용 소금은 장맛을 배가시키는 천일염을 쓰는 것이 좋다. 장 담그기 한 해 전에 구입해 간수가 빠지게 해야 쓴맛이 나지 않는다.

① 호렴: 입자가 굵고 색이 약간 검은 편이다. 대개 장이나 김치를 담그거나 생선을 절일 때 쓰인다.
② 재염: 호렴에서 불순물을 제거한 것으로, 재제염보다 굵지만 색은 호렴보다 희다.
③ 재제염: 보통 꽃소금이라 불리고 희고 고운 입자로 음식 할 때 일반적으로 많이 사용한다.
④ 식탁염: 설탕처럼 고운 입자이며 염화나트륨 순도가 99.9%로 순도는 높으나 장이나 김치 절이는 데에는 적당하지 않다.

물

장맛을 내기 위해서는 무엇보다도 물맛이 좋아야 한다. 물맛은 물의 온도, 물에 용해된 염류의 종류와 산도(pH) 등에 의해 좌우된다. 장을 담글 때는 칼슘 이온이나 마그네슘 이온을 많이 포함하지 않은 연수가 좋다.

고춧가루

고추는 색깔이 빨간 태양초를 선택하여 고추씨를 다 빼고 곱게 가루를 낸다. 고추장용 고추는 빨갛고, 달고, 맵고, 가루가 많이 나는 것이 좋다.

엿기름

엿기름은 보리에 물을 부어 싹을 내어 말린 것으로 늦가을 기온이 낮을 때 기르는 것이 가장 질이 좋다. 물에 축여 싹을 틔운 것으로 준비하여 잘 비벼 말렸다가 가루를 낸다. 엿기름은 파랗게 싹을 틔운 것이 상품이다.

전통메주

국산 해콩으로 음력 10월부터 동짓달 사이에 만든 메주가 콩 특유의 구수하고 향긋한 냄새가 난다. 잘 띄워진 좋은 메주는 흰색이면서, 표면에 노란 곰팡이와 흰 곰팡이가 나 있으며, 속은 황갈색이다. 검은색 곰팡이는 잡균이 부패를 일으킨 경우로, 이런 메주로 장을 담갔을 경우 쓰고 짠 맛이 강하다.

개량메주

개량메주는 순수하게 배양된 단백질과 전분 분해력이 강한 황국균을 삶은 콩에 접종시켜 단시일 내에 제조할 수 있는 방법이다. 간장, 된장, 고추장, 막장 등의 제조에 이용된다. 연중 어느 때나 제조할 수 있으나 2~5월, 10~12월 사이에 만드는 것이 가장 적당하다.

고추장 떡메주

고추장 떡메주는 쪄낸 콩과 백설기를 함께 넣고 빻아서 동그랗게 구멍떡을 만들어 띄운 것이다. 추석이 지나고 햇볕이 뜨거울 때 해콩을 이용해 만들어 한 달 정도 띄운다. 고추장 떡메주는 전통 메주보다 곰팡이가 덜 뜨게 해야 하는데 곰팡이가 많이 피면 퀴퀴한 냄새가 난다. 잘게 쪼갠 뒤 통풍이 잘되는 곳에 두고 말렸다가 가루로 곱게 빻는다.

장독 종류와 관리

간장, 된장 등의 장독을 올려놓은 낮은 축대를 장독대라고 한다. 장독대는 예부터 그 집안 주부의 얼굴이라고 하여 소중하게 생각하고 정갈하게 관리하였다. 장독대를 가정에서 가장 신성한 곳으로 여겼기에 정화수 한 사발을 올려놓고 집안 식구들의 무사무병을 기원하기도 하였으며, 장맛이 변하면 집안이 망한다고 여겼기 때문에 장독 관리에 정성을 다하였다.

장독대는 배수가 잘되도록 약간 높은 곳에 만들거나, 지면에서 20~30㎝ 정도의 높이로 호박돌과 자갈돌을 깔고, 그 위에 여러 개의 판석(板石)을 수평으로 깔아 만든다.

항아리는 광택 없이 우툴두툴한 것이 좋다. 반대로 반질반질 윤기가 나거나 너무 무겁거나 노란빛을 띠면 좋지 않고, 모양이 일그러져도 못쓴다. 두드려 펑펑 소리가 나면 금이 간 것이니 적당하지 않다.

항아리의 검은색은 검은 연기를 입혀서 구웠기 때문이며 주로 쌀이나 물을 저장했고 물김치를 담그는 데 사용했다.

장독의 배열 순서

　장독은 두 줄 또는 세 줄로 정렬하여 배치하는데 대개 큰 독은 뒤 쪽에 두고, 키가 작은 독일수록 앞에 놓는다. 장독에 그림자가 지면 발효숙성이 잘 안되기 때문에 항아리에 그림자가 지지 않도록 하는 배려이다. 뚜껑 달린 항아리가 먼저 나오고, 그 다음 뚜껑 없는 것을 배열한다.
　맨 뒷줄에는 큰 항아리에 메주를 띄우고 간장을 담아 발효시킨다. 중간 줄에는 장을 분리하여 간장을 담아놓고, 앞줄에는 단지에 고추장을 담아놓는다. 맨 앞줄에는 식초항아리 등을 놓는다.

장독 관리

　햇볕이 좋은 날 독의 뚜껑을 열어 햇볕을 쬐게 하고 저녁에 덮는다. 흐린 날은 뚜껑을 열지 않는 것이 좋은데 비를 맞으면 장맛이 변하므로 조심해야 한다. 청소를 할 때도 독에 물이 들어가지 않게 행주를 꼭 짜서 항아리 주변을 깨끗이 닦는 것이 좋다. 항아리 입구는 망사 또는 면포를 덮어 고무줄이나 끈으로 묶어놓고 망사 덮개의 한가운데에 굵은소금을 올려놓아 벌레가 오지 못하게 한다. 독이 기울어져 있으면 백태가 끼게 되므로 기울어지지 않게 관리한다.

장독의 지방별 특색

모양	독의 특색
서울·경기	서울·경기지방의 독은 키가 크고 배가 홀쭉하여 날씬한 반면, 주둥이(입)가 크고 넓다. 남부지방보다 일조량이 적기 때문에 키가 크고 일조량을 많이 받을 수 있도록 주둥이를 넓게 만든다.
강원도	어깨부분의 경사가 완만하고 입이 약간 더 넓으며 배가 부르지 않은 독의 형태와 서울·경기지방과 비슷한 독의 형태가 있다.
충청도	독의 주둥이와 어깨 사이의 목 부분이 높고 밖으로 약간 벌어진 형태이며, 몸체는 둥근 편이고 배는 전라도 독에 비하여 부르지 않다. 전체적으로 투박한 편이지만 견고한 모습을 띤다.
전라도	나른 시방의 독에 비하여 배가 매우 불룩하고 큰 편이며, 자배기 모양의 뚜껑을 덮는다. 주둥이와 밑바닥의 지름이 거의 비슷하다.
경상도	경상도 지방의 독은 어깨 부분이 각 져 있는 것과 각이 지지 않고 둥근 형태의 것 두 가지가 있는데 어깨와 주둥이 사이의 목 부분이 거의 밋밋한 형태를 띤다.
제주도	제주도 지방의 독은 바닥과 주둥이가 좁으며 배가 약간 부른 형태이다.

장으로 만드는 저장음식, 장아찌

　장아찌는 장과(醬瓜)라고 하는데, 무, 오이, 가지, 배추, 미나리, 도라지, 더덕, 마늘, 마늘종, 풋고추, 깻잎, 가지 등의 채소를 바짝 말려서 장류(간장, 된장, 고추장)나 식초에 절였다가, 맛이 든 것을 그대로 또는 양념해서 먹는 저장식품이며, 불로 익혀서 즉석에서 만드는 숙장과도 있다.

　장아찌는 장을 뜻하는 '장아'와 간에 절인 채소를 뜻하는 '디히'가 합쳐져 '장에 담근 채소'라는 뜻의 '장아찌'로 불리게 되었다. 오늘날 오이지, 짠지, 섞박지 등의 채소로 만든 저장음식을 가리키는 용어로 사용되고 있다.

　장아찌에 대한 최초의 기록은 고려 중엽 이규보의 『동국이상국집(東國李相國集)』의 「가포육영(家圃六詠)」에 "좋은 장을 얻어 무 재우니 여름철에 좋고, 소금에 절여 겨울철을 대비한다"고 하였다.

　장아찌는 재료와 만드는 방법이 다양해 일상식에 자주 오르는 음식으로 식생활에 조화를 이루었다. 또한 계절에 따라 때를 놓치지 않고 저장하는 부지런함과 솜씨도 필요하였다.

장아찌의 분류 및 종류

장아찌는 채소를 이용한 장아찌, 과실이나 견과류를 이용한 장아찌, 해초와 어류를 이용한 장아찌, 육류 등 기타 재료를 이용한 장아찌 등으로 나눌 수 있다.

장아찌에 쓰는 간은 간장, 된장, 고추장 등을 사용한다. 장아찌를 담글 때는 별도의 작은 항아리를 사용하는 것이 좋고, 조금씩 여러 가지를 마련하는 것이 좋다.

장아찌는 날로 된장에 박는 법이 제일 흔하다. 예를 들면 통무나 가을에 나는 덩굴걷이 애호박을 생으로 쓰고, 풋고추는 꼭지를 떼지 않고 끝만 잘라 버리고 바로 된장에 넣는다.

동치미로 담갔던 무를 건져서 겉의 물기를 말려 장아찌로 박고, 오이는 오이지로 담갔던 것을 겉 물기만 말려서 돌로 눌렀다가 장아찌로 쓰거나 된장에 넣었다가 다시 막고추장에 옮겨 담기도 한다.

고춧잎이나 무말랭이는 단독으로 담기도 하고, 두 가지를 합해 간장을 부어 저장해두고, 먹을 때 조금씩 꺼내서 참기름, 깨소금, 고춧가루 등의 갖은 양념으로 무쳐서 반찬으로 상에 올린다.

채소 · 과실 · 견과류 장아찌

주재료별	종류
열매	가지, 오이, 노각, 매실, 고추, 동아, 울외 산초, 도토리, 박, 대추, 토마토, 참외, 천도복숭아, 수박, 밤, 호두
잎	깻잎, 배추, 고춧잎, 콩잎, 뽕잎, 취나물, 가죽잎(참죽잎), 후추잎, 명이, 당귀
줄기	두릅, 마늘종, 머윗대, 죽순, 쪽파, 민들레, 달래, 냉이 새송이 버섯, 느타리, 표고
뿌리	더덕, 도라지, 통마늘, 무, 양파, 씀바귀, 토란, 연근 생강, 우엉, 고들빼기, 고구마

주재료별	종류
해초류	다시마, 김, 미역귀, 우무, 톳, 파래, 꼬시래기, 해파리
어류	굴비, 게, 홍합, 전복, 마른오징어, 대구포, 건하, 성게, 문어
육류	우둔침장(쇠고기 우둔살, 간장), 쪽장과(쇠고기, 오이, 무, 당근, 집간장)

장아찌 담그는 법으로는 된장이나 고추장에 박는 것, 간장으로 담그는 것, 식초나 젓갈을 이용해 담그는 것으로 구분할 수 있다.

간장이나 된장에 넣는 장아찌

종류	특징
사삼길경침장법 (沙蔘桔梗沈藏法)	더덕이나 도라지 껍질을 벗겨 말려서 물에 담가 쓴맛을 우려낸 다음 꼭 짜서 다시 장 속에 넣어두면 맛이 더욱 좋다. 또한 더덕, 도라지를 생으로 찧어 물에 담가 쓴맛을 뺀 다음 꼭 뭉쳐 짜서 말려 장에 넣는 방법이 있다.
생해침장법 (生蟹沈藏法)	생 게의 등을 쪼개서 노란 게장을 따로 빼놓고 나머지는 찧어 체에 걸러낸 국물로 게장과 섞어 쪄서 익힌다.
대하·소하침장법 (大蝦·小蝦沈藏法)	큰 새우나 작은 새우를 말려 찧어서 가루로 만들어 주머니에 넣어 장에 박아두었다가 꺼내 먹는다.
우둔침장법 (牛臀沈藏法)	소의 우둔살을 간장에 넣어 숙성시키면, 장맛이 달고 고기 맛이 좋아진다.
두부침장법 (豆腐沈藏法)	두부를 물기가 없도록 눌러 뺀 후 베주머니에 담아 간장이나 된장, 고추장에 침장한다.
어육침장법 (魚肉沈藏法)	콩을 씻어 메주를 만들어놓는다. 쇠고기, 양고기, 토끼고기, 꿩고기, 닭고기 등 육류와 창자와 비늘, 머리를 떼어 버리고 물기를 말린 연어, 방어, 대구어, 숭어, 도미, 민어, 준치 등의 생선을 준비한다. 문어는 끓는 물에 살짝 데치고 생복, 생홍합에는 소금을 조금씩 뿌려서 간이 배면 물에 씻어 말려놓는다. 이렇게 준비된 재료를 항아리에 육류부터 담고 그 위에 어류와 꿩, 닭을 놓는다. 어육 사이사이에는 층층으로 메주를 깔고 소금물을 붓는다.
기타	맑은 간장, 황장

종류	지역	특징
장아찌	강원도	무, 오이지를 된장, 막장, 고추장에 넣고 장기간 보관하여 먹기도 하고, 도라지, 더덕, 고사리 등을 장 속에 넣었다가 먹기도 하며, 쇠고기를 살짝 데쳐서 된장, 막장 속에 넣어서 쓴다.
무장아찌	평안도	가을에 자잘한 무를 씻어서 물기 없이 닦아 고추장에 박아두었다가 먹을 때 꺼내어 채 썰어 양념해서 낸다.
오이장아찌	평안도	오이를 끓는 물에 데쳐 소금물에 절였다가 말려서 된장이나 고추장 항아리에 넣는다. 장아찌용 된장과 고추장은 따로 덜어서 써야 한다.
풋고추장아찌	황해도	된장에서 숙성시킨 풋고추는 된장찌개를 끓이기도 하고 바로 꺼내어 날로 먹기도 한다. 풋고추가 숙성되면서 된장 맛도 함께 좋아진다.
건하장아찌	『산림경제』	대하는 쪄서 말려 먹는다. 중하는 살을 떼어 쪄서 말려 가루로 만들어 주머니에 넣고 장독에 넣어두면 맛이 좋다.
동아장아찌	전라북도	동아는 씨를 빼고 썰어서 소금에 간했다가 된장에 박는다.
무말랭이장아찌	평안도	무는 채로 썰어서 말린다. 고춧잎 말린 것과 섞어서 장조림 간장을 부어둔다. 고춧가루도 섞으며, 참기름과 깨소금으로 무친다.
콩잎·팥잎장아찌	경상도	부드러운 콩잎과 팥잎을 골라 차곡차곡 겹쳐서 된장에 박아두면 노랗게 익는다.
싸장	평안도	기장쌀로 밥을 지어 된장에 두부장과 같이 박아서 삭히면 보기에 도루묵 알같이 변하면서 끈끈해지고 맛이 든다
마른오징어장아찌	경상도	오징어 껍질을 벗기고 알맞게 구워 방망이로 두드려 잘게 찢는다. 볶은 통깨와 고추장으로 오징어를 무쳐 면 주머니에 넣어 봉한 후 항아리에 박는다. 익으면 꺼내 양념하여 먹는다.
무청장아찌	경기	무청과 고춧잎을 데쳐서 시들하게 말린다. 말린 재료에 간장, 깨소금, 마늘, 생강, 실고추 등으로 양념하여 항아리에 담고 베 보자기를 덮고 그 위에 된장을 가득히 올려 간이 배도록 익힌다.
깻잎장아찌	각 지방	연한 깻잎보다는 조금 억센 것이 적당한데 여러 장 묶음으로 만들어 소금물에 노랗게 삭힌다. 삭힌 깻잎을 건져 채반에 올려 물기를 제거한 후 간장을 붓거나 된장에 박는다. 간장에 담는 것은 여러 날 지나서 간장을 끓이고 식혀 붓는다. 된장에 박은 것은 양념하여 쪄서 먹는다.
미역귀장아찌	해안지방	미역귀를 돌 없게 잘 씻어 물기를 닦아 된장 속에 넣는다. 간이 배면 새로 담근 고추장에 버무려 다시 된장에 넣는다. 먹을 때는 다져서 양념하여 잠깐 조린다.
호박장아찌	황해도	애호박을 된장에 박았다 꺼내어 쪄서 무쳐 먹는다.

종류	지역	특징
김장아찌	각 지방	생김이나 마른 김을 물에 풀었다 건져서 물기를 뺀다. 이것을 베주머니에 넣어 된장 속에 두 달 정도 박아둔다. 된장에서 꺼낸 것을 다시 고추장 항아리에 옮겨서 반년이 넘도록 두면 간이 밴다.
북어장아찌	충청도	북어 마른 것을 두들겨 편 후, 껍질을 벗기고 뼈를 발라낸다. 살만 찢어 고추장에 박는다. 햇고추장을 발라 된장 속에 넣는 방법도 있다.
풋감장아찌	충청도	풋감을 소금물에 절였다가 건져서 말려, 설탕을 탄 진간장에 담가놓는다. 장물이 잘 밴 다음 건져서 된장이나 고추장에 박았다가 한 달 후부터 꺼내서 얇게 저며 참기름, 깨소금으로 양념하여 먹는다.
당귀장아찌	경상남도	당귀의 연한 줄기를 고추장에 박아 담근 장아찌다.
도토리묵장아찌	전라북도	묵을 잘 우려 간장에 담가두거나 고추장에 박아두고 장아찌로 먹는다.
우무장아찌	각 지방	우무를 장에 박았다가 무친다.
더덕장아찌	각 지방	더덕을 생으로 고추장에 박는다.
굴비·북어장아찌	각 지방	깨끗하게 손질하여 고추장에 박는다.
홍합장아찌	각 지방	마른 홍합을 불려서 사이사이에 양념을 넣어 무짠지(무를 통으로 간장에 짜게 절여 이듬해에 먹는 김치)에 박았다 꺼내 먹는다.
배추꼬랑이장아찌	각 지방	꼬랑이자반이라고도 하는데 된장이나 고추장에 박는다.
참외장아찌	충청도	덜 익은 참외의 씨를 빼내고 손질하여 소금에 절여두었다가 건져 물기를 닦아서 볕에 꾸덕꾸덕하게 말린다. 고추장에 박아 빨갛게 물이 들면 채 썰어 양념한다.

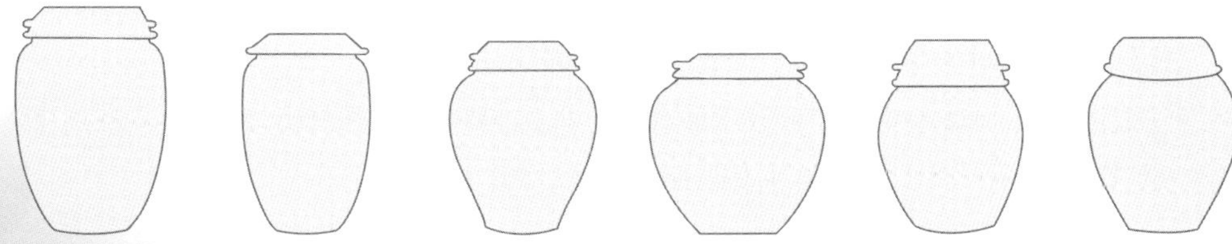

장아찌의 재료 손질법

- 더덕은 껍질을 벗겨 말려 꾸덕꾸덕해지면 고추장에 박는데, 물기가 하나도 없이 바짝 말리면 질겨지므로 주의한다.
- 송이는 씻어서 물기를 빼고 말려서 넣는다.
- 무는 가을에 간장에 넣어 두었다가 봄에 씻어 고추장에 넣는다. 또 짠지를 씻어 꾸덕꾸덕하게 말려 장에 넣기도 한다.
- 오이나 가지는 절여서 물기가 없도록 말려 넣고 오이지도 넣는다.
- 풋고추는 꼭지를 떼면 물이 들어가므로 꼭지를 조금씩 남기고 끝만 잘라 버리고 씻어서 겉에 물기 없이 잘 말려 장에 넣는다. 특히 된장에 넣으면 좋다.
- 두부는 보에 싸서 눌러 물기를 빼고 주머니에 담아 넣는다.
- 마른 전복은 불려서 고추장에 넣는다.

장아찌를 맛있게 먹는 법

- 재료로 쓰인 장아찌 채소는 얇게 썰어 그대로 먹기도 하고, 참기름, 마늘, 파, 고춧가루, 깨소금 등의 양념을 넣어 무쳐 먹기도 한다. 너무 짜면 물에 잠깐 담가 짠맛을 뺀 후 사용하면 좋다.
- 무칠 때 사용하는 마늘은 다지는 것보다 곱게 채 썰어 넣는 것이 좋다. 꺼낼 때에는 된장, 고추장이 섞이지 않도록 된장 주머니나 고추장 주머니의 한쪽을 젖히고 조금씩 꺼내며 공기가 통하지 않도록 다시 잘 봉한다.

장아찌 담글 때 주의사항

- 재료를 충분히 씻어야만 장아찌를 담가 보관할 때 유해 미생물의 번식을 억제할 수 있다. 또한 물기가 많으면 좋지 않으므로 소금에 절여서 물기를 빼고 적당히 말려서 담근다. 이것은 고추장이나 된장에 여분의 물기를 주지 않기 위함이다.
- 수분이 많은 재료는 수분이 빠져나와 간장이나 소금물이 흐려지므로, 2~3회 정도 그 물을 따라내어 끓여서 식혀 부어야 오래 두고 먹을 수 있다.

- 잎채소를 이용한 장아찌는 된장, 고추장이 섞이지 않도록 망사 주머니에 넣어서 올려놓는다.
- 간장을 이용할 경우는 간장 위로 재료가 떠오르지 않도록 재료를 망사 주머니에 넣거나 위를 잘 눌러놓는다.
- 장아찌가 잘 담가졌다는 것은 침장액이 충분히 배었다는 것이고, 맛이 안 들은 것은 재료의 세포가 살아있다는 것이다.
- 고추장에 박았던 장아찌를 꺼내 먹을 때 쯤에는 장아찌를 박았던 고추장은 맛이 없어지고 빛깔도 흐려지므로, 장아찌용 고추장을 따로 구분하는 것이 좋다.

저장 및 보관

장아찌의 재료는 생것을 그대로 사용하지 않고, 일단 절이거나 말려서 수분의 함량을 줄여야 장기간 보존이 가능하다. 그리고 장아찌를 박을 장은 보통 때 쓰는 장과는 별도로 장아찌 전용 작은 항아리에 덜어 쓴다. 된장이나 고추장의 큰 항아리에 장아찌의 재료를 넣게 되면, 재료에서 수분이 빠져나와서 장맛이 변하기 때문이다. 또한 고추장이나 된장에 깻잎이나 고추 등의 크기가 작은 재료를 박을 때는, 얇은 망사 주머니나 베주머니에 넣어 박아두면 꺼낼 때 찾기 쉽고, 재료에 장이 많이 묻지 않아서 손실이 적으며, 썰거나 무칠 때 깔끔해서 다루기가 쉽다. 다양한 재료를 이용하여 담근 맛깔 나는 장아찌는 밥맛을 돋워주는 별미 저장음식이다.

02

장
담
그
기

장은 담그기에 알맞은 철인 음력 정월부터 3월 초 사이에 주로 담가 왔으며, 특히 정월에 담근 장맛을 최고로 쳤다. 저온일 때 담근 장이라야 쉽게 변질되지 않고, 또 날씨가 풀림에 따라 골고루 알맞게 익어 특유의 감칠맛이 나기 때문이다. 음력 정월 말날인 오일, 그믐, 손 없는 날, 병인일, 정묘일, 제길신일, 정일, 우수, 입동, 삼복이 장 담그기 좋은 날이라 하였다.

전통메주

흰콩(메주콩) 소두 1말(8kg)
콩 불리는 물 20ℓ

1 굵은 해콩을 준비해 깨끗이 씻어 여름에는 8시간, 겨울에는 12시간 물에 담가 불린다. 불린 콩은 콩 껍질이나 돌멩이 등 불순물을 가려낸 후 다시 한 번 깨끗이 씻어 물기가 빠지도록 소쿠리에 밭쳐 놓는다.

2 솥에 불린 콩과 물을 넣고 콩이 붉은색이 나도록 4~5시간 정도 푹 삶는데, 끓어 넘쳐도 뚜껑을 열지 말고 익힌다. 솥뚜껑 위에 무거운 것을 올려놓아 솥 내부 수증기의 압력으로 뚜껑이 벗겨져 설익는 것을 막기도 한다.

3 전통적으로는 돌절구나 맷돌을 이용하여 콩알이 안 보이게 찧는데 분쇄기를 사용해도 좋다.

4 네모 모양이나 둥근 원추 모양의 틀에 면 보자기를 깔고, 찧어 놓은 메주를 눌러 담는데, 가끔 탕탕 치면서 속이 꽉 차도록 하여 메주 형태를 완성시킨다.

5 볏짚을 깔고 서로 붙지 않게 메주를 놓고 3일 정도 자주 뒤집어주면서 겉말림을 한 후 볏짚을 덮어 따뜻한 곳에 두고 2주 정도 띄운다.

6 잘 띄워진 메주는 볏짚으로 열십자가 되도록 묶어 따뜻한 방 안에 겨울 동안 매달아 둔다. 발효가 끝난 메주는 통풍이 잘되는 곳에 저장했다가 사용한다.

알아두기

- 잘 띄운 메주는 흰색이면서, 노란 곰팡이와 흰 곰팡이가 겉으로 나온 것이 좋고 속은 황갈색이 좋다. 메주가 검은색을 띤 것은 잡균이 부패를 일으킨 경우로 장 담갔을 때 쓰고 짜다.

- 콩 8kg(1말)을 물에 불리면 13.8kg, 삶으면 14kg, 메주는 5.5kg~6kg이 된다.

- 콩 1말이면 4~5개의 메줏덩이가 나온다.

개량메주

❋ 재료 및 분량

흰콩(메주콩) 소두 1말(8kg), 콩 불리는 물 20ℓ
황국균 50g

❋ 만드는 방법

1 콩은 잘 씻어 물에 8~10시간 정도 담가 불려 솥에 삶거나 찜통에 찐 다음 콩물을 빼고 30~50℃로 식힌다.

2 식힌 콩에 황국균을 넣고 골고루 섞어준다.

3 온돌방같이 따뜻한 곳(20~25℃)에 흰색 한지를 깔고 서로 닿지 않게 나열하여 보온하면, 6~12시간 안에 흰 곰팡이가 생기기 시작한다.

4 이때 과열(38℃ 이상)되지 않도록 자주 뒤집어주며, 3~4일 정도 경과하면 흰색의 곰팡이가 황록색으로 변한다.

알아두기

· 삶은 콩에 밀가루나 쌀가루를 뿌려 띄우기도 한다.

· 개량메주는 순수하게 배양된 단백질과 전분 분해력이 강한 황국균을 접종시켜 단시일 내에 제조할 수 있는 방법으로 간장, 된장, 고추장, 막장 등의 제조에 이용된다. 연중 어느 때나 제조할 수 있으나 2~5월, 10~12월 사이에 만드는 것이 가장 적당하다.

전통간장

메주 4덩이(5.5~6kg)
물 20ℓ, 소금(호렴) 5kg
붉은 건고추 10개, 대추 10개
참숯 6덩이

✽ 만드는 방법

1 분량의 물에 소금을 미리 풀어놓고 소금물이 말갛게 되면 고운 겹체에 내려서 준비해 둔다.

2 항아리에 손질한 메주를 넣고 미리 준비한 소금물을 붓는다.

3 소금물의 농도는 염도계 17~19˚Bé 정도가 적당한데 메줏덩이가 위로 떠오르면 염도가 알맞다.

4 간장을 담근 지 3일이 지나면 숯을 달구어 넣고 헝겊으로 깨끗이 닦은 붉은 건고추와 대추를 넣는다. 이것은 간장의 군내를 없애고 균의 번식도 방지하기 위함이다.

5 장항아리는 입구에 면포로 망을 씌우고 햇볕이 잘 드는 양지에 놓아둔다. 아침에 뚜껑을 열어놓고 오후 3시경에는 뚜껑을 덮어 약 40~50일 정도 익힌다. 맛이 우러나면 간장색이 검게 된다.

6 장을 뜰 때는 메주가 부서지지 않게 용수를 박아 맑은 장물을 떠내 솥에 붓고 달인다. 항아리에 남은 메주 건더기는 따로 건져 된장을 만든다.

알아두기

· 메주를 채반에 널어 3~4일간 볕을 쬐면 퀴퀴한 냄새가 나지 않는다.

· 메주가 떠올랐다가 가라앉으면 소금의 염도가 낮은 것이다.

· 달일 때는 70~80℃에서 뭉근하게 20분 정도 끓이면서 거품을 걷어내고 졸인 후 식혀서 항아리에 붓는다. 장이 묽을 때는 조금 더 졸인다.

· ˚Bé(보메) : 소금물의 농도를 표시하는 단위

개량간장

개량메주 3되(5kg)
소금 2~2.5되(4.2~5.2kg)
물 10ℓ
대추 10개, 붉은 건고추 5개
참숯 3덩이

1 일주일 전쯤 분량의 물에 소금을 미리 풀어놓고 소금물을 말갛게 가라앉힌다.

2 개량메주는 콩알이 동동 뜨지 않도록 면 주머니에 담아 입구를 꽉 묶어 항아리에 넣는다.

3 개량메주를 담은 항아리에 겹체를 올려 가라앉힌 소금물을 퍼서 붓는다.

4 간장을 담근 지 3일이 지나면 숯을 달구어 넣고 헝겊으로 깨끗이 닦은 붉은 건고추와 대추를 넣는다. 이것은 간장의 군내를 없애고 균의 번식을 방지하기 위함이다. 40일 정도 숙성시킨다.

5 항아리에서 메주 자루를 꺼내고 남은 장물만 솥에 붓고 80℃에서 10~20분 정도 거품을 걷어내면서 달인 후 식혀서 항아리에 붓는다.

알아두기

- 간장에 숯과 붉은 건고추, 대추를 넣으면 간장의 잡냄새를 없애고 균의 번식도 방지한다.

- 메주콩이 소금물을 흡수하면 부피가 2배 이상 늘어나므로 면 주머니도 큰 것으로 준비한다.

- 개량메주는 지저분한 김부리기외 껍질 등을 골라내고 채반에 널어 3일 정도 볕을 쏘이면 메주의 퀴퀴한 냄새가 나지 않는다.

무장

✳ 재료 및 분량

메주 1덩이(2kg), 물 5ℓ
소금(호렴) 2⅓컵(370g)

✳ 만드는 방법

1 메주는 솔로 박박 문질러 닦아 물에 깨끗이 씻는다.

2 달걀 하나 크기로 조각을 내서 햇볕에 널어 바짝 말린 다음 항아리에 차곡차곡 넣고 소금물을 끓여서 식혀 항아리에 붓고 10일 정도 재워놓는다.

3 홍차 색깔의 장물이 생기면 건더기를 꺼내서 꼭 짜고 그 국물에 소금 간을 한 다음, 냉장고에 보관해두고 먹는다.

4 무장의 간장은 무 맑은장국의 간처럼 심심하게 나와야 하며, 금방 상할 수 있으니 바로 먹는다. 무장에 밥을 말아 비벼서 편육과 함께 먹으면 맛이 좋다.

알아두기

· 장물을 꼭 짠 건더기는 소금 간을 더하고 잘 주물러서 된장으로 이용한다.

· 된장은 달래, 굵은 파를 넣고 한번 우르르 끓여서 먹으면 딥딥하지 않고, 된장 덩어리를 으깨어 먹어도 담백하며 성인병 예방에도 좋다.

· 메주는 심심한 소금물에 씻는다.

맛진간장

❋ 재료 및 분량

볶은 서리태 100g, 물 1.5ℓ

맛간장 달이기

물 1ℓ, 말린 표고 50g

양파 500g, 대추 60g

통마늘 200g, 감초 20g

간장 2ℓ, 설탕 ½컵(80g)

서리태 삶은 물 1ℓ

다시마 1장(20㎝)

❋ 만드는 방법

1 냄비에 물 1.5ℓ와 볶은 서리태를 넣고 중불에서 30분 정도 끓여 콩 삶은 물이 1ℓ가 되도록 졸인다.

2 표고버섯은 물에 불리고 양파는 굵게 썬다. 대추, 통마늘, 감초는 손질한다.

3 물 1ℓ에 표고버섯과 양파, 대추, 통마늘, 감초를 넣고 30분 정도 푹 끓인 다음 간장, 설탕, 서리태 삶은 물 1ℓ를 넣고 30분 정도 더 삶은 후, 다시마를 넣고 불을 끈다.

4 20분 후에 체에 내려서 맛진간장을 완성한다.

알아두기

• 소스, 조림, 볶음 등 모든 음식에 사용한다.

• 미리 만들어놓고 음식 할 때마다 사용하면 편리하다.

이육장

메줏덩이 5.5kg, 쇠고기 우둔살 600g
꿩 1마리(1kg), 닭 1마리(1.8kg), 도미 1마리(700g)
전복 2마리(300g), 잔새우 50g, 홍합 50g

소금물

물 7.5컵(15ℓ), 소금 25컵(4kg)

만드는 방법

1 쇠고기는 핏물을 빼고 깨끗이 손질하여 햇볕에 말려
   물기 없이 준비한다.

2 꿩과 닭은 내장을 빼고 깨끗이 손질하여 살짝 데친
   다. 도미는 비늘, 머리, 내장, 꼬리를 제거하고 햇볕
   에 말린다. 전복과 홍합, 새우, 파 등도 손질한다.

3 항아리 밑에 쇠고기를 깔고 도미, 닭, 꿩의 순서로 넣
   고, 그 위에 메주를 올린다.

4 가라앉힌 소금물을 붓고 기름종이로 장독 입구를 단
   단히 밀봉한다. 볏짚으로 항아리를 싸고 뚜껑을 덮어
   땅속에 묻는다. 1년 후에 항아리를 꺼내 장을 거른다.

5 걸러낸 장은 80℃의 온도에서 거품을 걷어내면서
   20분 정도 끓여 달인 후 식혀서 항아리에 붓는다.

알아두기

- 어육장은 실온보다 냉장고에 보관하면서 사용하는 것이 좋다.
- 모든 음식을 만들 때 사용하면 고기 맛이 난다.
- 도미 대신 숭어를 사용해도 좋다.
- 어육장은 고급 간장으로, 윤왕순 전통식품 명인의 레시피이다.

천리장

맛이 단 간장(감청장) ½말(4.5ℓ)
쇠고기 900g(혹은 말린 쇠고기 가루 220g)

※ 만드는 방법

1 소쿠리에 고운 면포를 깔고 간장을 거른다. 솥에 넣고 센 불에서 끓기 시작하면 반으로 줄어들 때까지 중불에서 졸인다.

2 쇠고기는 기름기와 힘줄을 떼어내고 삶는다.

3 삶은 쇠고기는 0.3㎝ 두께로 썰고 채반에 널어 햇볕에 말린다. 말린 쇠고기를 절구에 넣고 곱게 빻은 다음 체에 내려 가루로 만든다.

4 졸인 간장에 쇠고기 가루를 넣고 약한 불로 걸쭉해질 때까지 졸인다.

알아두기

• 맛있는 간장에 삶아 익힌 쇠고기를 넣고 졸여서 만든 간장이라 고기 맛이 나며 모든 음식을 할 때 넣으면 맛이 있다.

• 나물 무칠 때, 떡국 끓일 때, 국에 간을 맞출 때 등 조선간장(국간장) 사용하듯이 사용하면 좋다.

• 천리장은 윤왕순 전통식품 명인의 레시피이다.

전통된장 ①

재료 및 분량

메주 건더기 8kg
간장 5컵(1.2kg), 소금(호렴) 1컵(160g)

만드는 방법

1 간장을 떠낸 후 남은 메주 건더기를 큰 그릇에 건져낸다.

2 메주 건더기를 주물러 부드럽게 풀어지면 간장과 소금을 넣고 잘 섞어 간을 맞춘다.

3 항아리에 된장을 꼭꼭 눌러 담는다.

4 웃소금을 골고루 뿌린 다음 입구를 얇은 면포로 덮어서 햇볕이 잘 드는 곳에 놓고 낮에는 뚜껑을 열어놓고 오후에는 뚜껑을 닫는다.

5 5~6개월 정도 숙성시킨다.

알아두기

• 항아리는 꼭 소독한 다음 사용한다.

• 된장을 항아리에 담고 빈 공간이 생기지 않도록 반드시 꼭꼭 눌러 웃소금을 뿌려둔다.

• 항아리에서 덜어 사용할 때는 먹을 만큼 덜고, 다시 꼭꼭 눌러놓는다.

• 숙성 기간도 중요하지만 맛을 보았을 때 메주 냄새가 나지 않고 구수하면 숙성된 것이다.

전통된장②

❋ 재료 및 분량

흰콩(메주콩) 대두 1말(15~16kg), 물 16ℓ
소금(호렴) 20컵(3.2kg), 보리쌀 4컵(720g)
메줏가루 6컵(456g), 건고추 20개

❋ 만드는 방법

1. 잘 띄운 메주는 솔로 박박 문질러 심심한 소금
   물에 깨끗이 씻은 후, 여러 조각으로 쪼개서 햇
   볕에 널어 바짝 말린다. 장 담그기 한 주 전에
   물 16ℓ에 소금 14컵을 넣고 팔팔 끓여 식혀 가
   라앉혀 소금물을 준비한다.

2. 메주를 항아리에 담고 준비한 소금물을 붓는다.

3. 10여 일이 지나 장물이 촉촉하게 생기고 메주
   가 불면 큰 그릇에 쏟고 손으로 주물러서 부드
   럽게 풀어놓는다. 너무 치대면 떫고 끈끈해지므
   로 주의한다.

4. 보리를 깨끗이 씻어 8시간 정도 물에 불려 보리
   죽을 쑤고, 식으면 소금 4컵을 넣어 간을 한 후
   분량의 메줏가루를 넣고 잘 섞어놓는다.

5. 부드럽게 풀어놓은 메주에 보리죽과 메줏가루
   를 넣어 잘 혼합하고 소금 2컵을 더 넣어 잘 섞
   어 간을 맞춘다. 항아리에 담으면서 중간중간에
   건고추를 넣고 맨 위에 웃소금을 뿌린다. 4~5
   개월 정도 숙성시킨다.

알아두기

- 된장 사이사이에 매운 건고추를 넣으면 곰팡이도 안
  생기고, 맛이 칼칼하다.

- 된장을 꺼내고 난 뒤에는 반드시 빈 공간이 생기지
  않도록 꼭꼭 눌러둔다.

- 습기가 찬 날은 뚜껑을 열지 않고, 항아리 뚜껑 속에
  생기는 이슬이 장에 떨어지지 않도록 자주 닦아준다.

- 새로운 메주와 보리죽이 들어가서 다른 된장보다는
  숙성 기간이 길다.

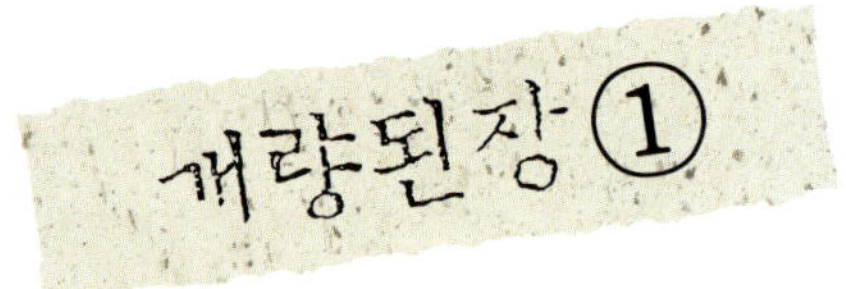

❋ 재료 및 분량

쌀 2.5되(4kg), 황국균 40g
흰콩(메주콩) 2.5되(4kg)
물 4ℓ, 소금 2되(2.6kg)

❋ 만드는 방법

1 쌀을 깨끗이 씻어 5시간 정도 물에 불린다.

2 찜통에 쌀을 넣고 찐다.

3 찐 밥을 30℃ 정도로 식혀 황국균을 넣고 골고루 잘 버무려 채반이나 소쿠리에 살살 펴서 담고 마르지 않게 보를 덮어서 더운 방에 둔다. 5일 정도 지나 노랗게 뜨면 꺼내어 소금을 조금 섞어 잠깐 말린다.

4 콩을 깨끗이 씻어 8시간 정도 물에 불려 은근한 불에 4~5시간 정도 삶아 콩의 색깔이 붉은색이 나게 잘 찐다. 큰 그릇에 황국균을 넣고 띄운 밥을 삶은 콩과 함께 넣고 곱게 찧은 다음 끓여 식힌 소금물을 부어 농도를 맞춘다.

5 항아리에 담고 웃소금을 뿌린 다음 면포를 씌워 햇볕이 잘 들며 바람이 잘 통하는 곳에 둔다. 뚜껑을 자주 열어 3~4개월 정도 숙성시킨다.

알아두기

• 된장을 항아리에 담으면서 중간 사이사이에 매운 건고추를 넣으면 곰팡이도 안 생기고 맛이 칼칼하다.

• 햇볕이 강한 날에는 뚜껑을 열어놓고 하루 4~5시간 정도 두는 것도 된장의 변질을 막는 방법이다.

개량된장 ②

✼ 재료 및 분량

개량메주 2.5되(4kg)
물 7ℓ, 소금 3.4kg

✼ 만드는 방법

1 잘 띄운 개량 메주는 지저분한 것을 골라내고 깨끗이 손질하여 곱게 빻아서 가루로 준비한다.

2 물을 팔팔 끓여 식힌 후 메줏가루에 넣고 주물러 촉촉하게 농도를 맞춘다.

3 소금으로 간을 맞춘다. 불어나면 농도가 되직해지니 처음에는 약간 묽은 듯이 한다.

4 항아리에 꼭꼭 눌러 담고 웃소금을 뿌린 후 면포를 씌운다. 햇볕이 잘 드는 곳에 두고 뚜껑을 자주 열어 주면서 3~4개월 정도 숙성시킨다.

알아두기

• 메주는 냄새를 맡아 보았을 때 곰팡이 냄새가 나지 않고 된장 특유의 구수한 맛이 강한 것이 된장을 담갔을 때 맛있다.

보리된장

보리쌀 2.5되(4kg), 황국균 40g

흰콩(메주콩) 2.5되(4kg)

소금 2되(2.6kg)

※ 만드는 방법

1 보리쌀을 8시간 정도 물에 불린 다음 한 시간 정도 찐다.

2 찐 보리쌀을 헤쳐가며 식힌 후 황국균을 넣고 버무려 놓는다. 따뜻한 곳에 보관하여 볏짚을 깔고 아스페르길루스균[aspergillus] 등이 피기 시작하면, 보리쌀이 마르지 않도록 젖은 천으로 덮는다. 온도를 따뜻하게 유지하며 2~3회 정도 뒤집어준다. 보리쌀에 황록색 균이 피면 햇볕에 말려 보리메주를 만든다.

3 콩을 깨끗이 씻어 물에 12시간 정도 불린 후 찜통에서 붉은색이 날 때까지 4~5시간 정도 푹 찐다.

4 찐 콩에 보리메주, 소금을 함께 넣고 찧어서, 항아리에 꼭꼭 눌러 담고 한 달 정도 지나면 먹는다.

알아두기

• 보리된장 만들기는 어렵지 않아 가정에서 간편하고 쉽게 만들 수 있다.

• 쌈장으로 적당하다.

보리막장

❄ 재료 및 분량

메줏가루 600g, 보리쌀 300g
고추씨와 고추 말린 것 100g
엿기름가루 200g, 물 3ℓ
소금(꽃소금) 1½컵(240g)

❄ 만드는 방법

1 보리쌀은 잘 씻어 소쿠리에 밭쳐 물기를 빼고 말려서
빻고, 고추씨와 고추는 고추장용 고춧가루처럼 거칠
게 빻아놓는다.

2 엿기름가루를 미지근한 물에 담갔다가 고운체에 걸
러서 가라앉힌다. 맑은 웃물을 따라내어 보리쌀가루
를 넣고 30분 정도 두었다가 보리쌀이 삭으면 불에
올려 ⅔ 정도로 줄어들 때까지 졸인다.

3 보리죽이 식으면 메줏가루를 넣고 섞는다. 잘 섞여지
면 고추씨 가루와 소금을 넣어 간을 맞춘다.

4 간 맞춘 장을 항아리에 담고 웃소금을 뿌리고 햇볕이
잘 쪼이도록 면포로 덮어 볕이 잘 드는 곳에 2주 정
도 둔다.

알아두기

• 엿기름 거른 물의 온도와 엿기름 양에 따라 곡물이 삭는 시간이 다르다.

• 엿기름을 사용해 빨리 익으므로 2주 후에 바로 먹을 수 있다.

• 막장은 엿기름을 사용해 막 담가 빨리 먹을 수 있었다고 하여 붙여진 이름이다.

• 메주를 쪼개서 가루를 내어 담갔기 때문에 빠개장 또는 가루장, 지레장, 빡도장이라고도 한다.

산야초막장

✻ 재료 및 분량

메줏덩이 1kg, 보리쌀 300g
엿기름가루 300g, 물 3ℓ
고추씨가루 100g, 표고버섯가루 3½큰술(50g)
산야초가루 7큰술(100g), 산야초효소액 2컵(400g)
녹차 2큰술(30g), 소금 1컵(160g)

✻ 만드는 방법

1 메주는 깨끗이 씻어 잘게 쪼개서 3~4일 정도 햇볕에 말린 후 굵게 가루로 빻는다. 보리는 물에 씻어 말려서 가루로 빻는다.

2 면 주머니에 엿기름가루를 넣고 미지근한 물에 30분 정도 담가 주물러 짜서 엿기름물을 가라앉히고 웃물을 따라낸 다음 준비한 보릿가루를 넣고 삭힌다.

3 삭힌 엿기름물을 센 불에 올려 끓으면 중불로 낮추어 ⅔ 정도가 되도록 졸여 보리죽을 만든다.

4 보리죽을 큰 그릇에 쏟아 식힌 다음 메줏가루와 고추씨가루, 표고버섯가루, 산야초가루, 산야초효소액, 소금을 넣고 잘 섞어 간을 맞춘다.

5 간 맞춘 장을 항아리에 꼭꼭 눌러 담고 맨 위에 녹차를 뿌린다. 면포를 씌우고, 볕이 잘 들며 바람이 잘 통하는 곳에 두고 뚜껑을 자주 열어주면서 2~3개월 정도 숙성시킨다.

알아두기

• 엿기름 거른 물의 온도와 엿기름 양에 따라 곡물이 삭는 시간이 다르다.

• 산야초막장은 산야초가루와 산야초효소액이 늘어가서 약성이 있으며 특유의 맛이 있다.

• 막장용 메주는 쌀가루로 백설기를 만들고, 보리밥과 삶은 콩을 찧어 주먹만하게 만들어 속이 노랗게 되도록 띄워 사용한다.

찌엄장

만드는 방법

1 보리쌀을 깨끗이 씻어 8시간 정도 물에 불린다.

2 냄비에 불린 보리쌀과 물을 넣고 푹 삶아 보리밥을 짓는다.

3 보리밥이 식으면 메줏가루와 고춧가루, 배추김치 국물을 자작하게 붓는다.

4 굵은소금으로 간을 한다.

5 김치 국물이 들어가므로 일주일 정도 숙성시킨다.

알아두기

• 김치 국물이 들어가서 칼칼하고 시원한 맛이 별미이다.

• 배추김치 국물 대신에 백김치 국물이나, 동치미 국물을 넣을 수 있다.

• 쌈장이나 찌개를 끓일 때 넣으면 맛이 있다.

청국장

재료 및 분량

흰콩(메주콩) 1.4kg

양념

다진 마늘 1½큰술(20g), 고춧가루 3큰술(20g)

소금 3큰술(35g), 콩 삶은 물 1½컵(300㎖)

볶은 콩가루 2컵

만드는 방법

1 콩은 돌을 고르고 깨끗이 씻어 8~12시간 정도 물에 불려 건진다. 솥에 물을 붓고 불린 콩을 넣어 4~5시간 정도 푹 삶아서 소쿠리에 쏟고 콩 삶은 물은 따로 받아둔다.

2 오목한 그릇에 짚을 깔고 삶은 콩을 넣고 40℃ 정도의 온도가 유지되도록 덮어 따뜻하게 한다.

3 1~2일 정도 지나 흰 곰팡이가 피고 끈기가 생기면 그릇에 넣고 찧는다. 양념장과 콩 삶은 물을 넣어 잘 섞은 후 볶은 콩가루를 넣고 다시 섞는다.

알아두기

• 초겨울에 해콩을 삶아 띄워 만든다.

• 콩을 볶은 나음 삶아서 만들 수도 있다.

• 콩 삶은 물이 없을 시 끓여 식힌 물을 사용한다.

• 압력솥을 사용할 때는 콩과 물을 넣고 30분 정도 끓인다.

담북장

✱ 재료 및 분량

흰콩(메주콩) 2되(3.2kg), 고춧가루 ⅔컵(62g)
다진 생강 20g, 다진 마늘 1⅓큰술(20g)
소금(호렴) 1½컵(240g), 끓여 식힌 물 1컵(200㎖)

✱ 만드는 방법

1 콩은 볶아서 껍질을 벗긴다.

2 냄비에 물을 붓고 콩을 넣어 푹 삶은 다음 건져 물기
   를 뺀다.

3 오목한 그릇에 볏짚을 깔고 삶은 콩을 담고 그 위에
   볏짚을 덮어 더운 곳에서 1~2일 정도 띄운다.

4 끈적끈적하게 진이 나면 고춧가루, 생강, 마늘, 소금
   을 넣고 골고루 섞은 다음 절구로 찧는다. 끓여 식힌
   물을 넣고 고루 섞어 항아리에 꼭꼭 눌러 담아 약 10일
   후에 먹는다.

알아두기

• 수시로 담가 먹을 수 있으며, 특히 찌게 끓일 때 넣으면 구수하다.

• 다른 방법으로는 메주를 찧어 끓인 물을 식혀서 고추장보다 묽게 붓고 반불갱이(반만 붉은 것) 고추를 가루로 내이 넣고
  10일 정도 익혀 먹는데 이 담북장도 맛이 있다.

• 아주 소량을 만들 때는 재료의 양을 ¼로 줄여서 담그면 알맞다.

집장

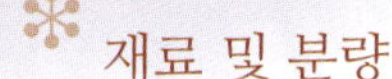
재료 및 분량

보릿가루 200g, 개량 메줏가루 160g
엿기름가루 60g, 고춧가루 100g
고춧잎 150g, 무 150g, 무청 250g
찹쌀 1.6kg, 소금 200g

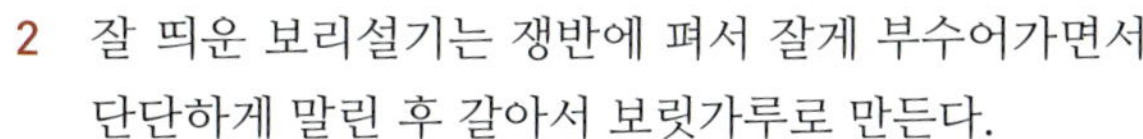
만드는 방법

1   보릿가루는 물을 뿌려 섞은 후 찜통에 넣고 보리설기를 찐 다음 그릇째 담요를 덮어 아랫목에 3~4일 띄운다.

2   잘 띄운 보리설기는 쟁반에 펴서 잘게 부수어가면서 단단하게 말린 후 갈아서 보릿가루로 만든다.

3   소금에 절인 고춧잎을 꼭 짜고 무는 굵게 채 썰어 소금에 절인 후 꼭 짠다. 무청은 간장에 절여 꼭 짠다.

4   채에 친 엿기름가루에 소금과 고춧가루를 섞는다.

5   찹쌀밥을 질게 짓고 따뜻할 때 위에 준비한 재료를 모두 넣어 고루 섞은 후 항아리에 담아 5일 정도 삭혔다가 먹는다.

알아두기

• 전라도 집장은 경기도, 충청도보다 매콤하고 고소한 것이 특징이다.

• 소금은 굵은소금을 오랫동안 볶아서 갈색이 된 것을 사용하면 좋다.

• 채소를 많이 넣고 담그기 때문에 지방에 따라 '채소장' 또는 '채장' 이라고도 하며, 색이 검어 '검정장' 이라고도 한다.

사골된장

❋ 재료 및 분량

메주 1말(5.5~6kg)

소금물

물 15ℓ, 소금 4kg, 간장 2컵(480g)

찹쌀 800g, 메줏가루 1kg

고추씨가루 400g, 사골 국물 15컵(3ℓ)

❋ 만드는 방법

1 잘 뜬 메주를 솔로 닦아 곰팡이와 기타 지저분한 것을 깨끗이 씻어낸다. 2~3조각으로 쪼개서 채반에 담아 3~4일간 볕에 말린다.

2 메주를 항아리에 넣고 미리 준비한 가라앉힌 소금물을 부어 45일 정도 불린다.

3 찹쌀을 6시간 정도 불려 찜통에 한 시간 정도 고두밥(지에밥)을 찌고 고추씨는 곱게 빻는다.

4 큰 그릇에 불린 메주를 쏟아 부드럽게 주무른 다음 찰밥과 고추씨가루를 넣고 잘 섞는다. 잘 섞어놓은 메주에 사골 국물과 간장을 넣고 고루 섞는다.

5 된장을 항아리에 담고 웃소금을 뿌린 다음 면포로 덮어서 햇볕이 잘 드는 곳에 놓고 5~6개월 동안 익힌다.

알아두기

· 간장을 빼고 남은 메주 건더기를 사용해도 좋다.

· 사골된장으로 뭇국이나 얼갈이 배춧국을 끓이면 고기를 넣고 끓인 국과 같다.

· 사골된장으로 시래기 찜을 만들면 고기를 넣고 만든 것 같이 맛있다.

두부장

✳ 재료 및 분량

두부 5모(1.5kg), 고운 소금 2큰술(24g)
된장 7컵(1.6kg)

✳ 만드는 방법

1 두부를 곱게 으깨어 소금을 뿌려놓았다가 꼭 짠다.

2 면 주머니에 넣고 꼭꼭 주물러 편편하게 만든 다음 입구를 묶는다.

3 항아리 밑에 3컵의 된장을 깔고 두부가 든 면 주머니를 넣고 윗부분에 나머지 된장을 덮고 꼭꼭 누르고 웃소금을 뿌린다.

4 6개월에서 1년 정도 지나 맛이 들면 꺼내 상추쌈에 싸서 먹거나 양념을 해서 먹는다.

알아두기

· 1년 정도 수성되면 치즈 같은 맛이 난다.

· 여름철에 상하기 쉬운 두부를 장으로 만들어 저장하는 식품으로 조상의 지혜가 뛰어나다.

· 된장 대신 고추장을 사용해도 좋다.

· 쌈장으로 먹을 수도 있다.

고추장 떡메주

흰콩(메주콩) 1kg, 멥쌀 500g

❋ 만드는 방법

1 흰콩은 깨끗이 씻어 8~12시간 정도 불려 소쿠리에 건져 놓는다. 쌀도 깨끗이 씻어 8시간 정도 불려 건져 가루로 빻는다.

2 시루에 콩을 쪄내고, 찜통에 쌀가루를 넣고 백설기를 쪄낸다.

3 큰 그릇에 찐 콩과 백설기를 함께 넣고 찧는다.

4 구멍떡을 만들어 겉에 수분이 마르면 볏짚을 깔고 떡 메주 한 켜, 짚 한 켜씩 켜켜이 쌓아 띄운다. 2~3일 에 한 번씩 열어보아 곰팡이가 피고 하얗게 옷을 입 으면 바람을 쏘이고 햇볕에 바싹 말린다.

5 떡메주는 소금물로 살짝 씻어 채반에 담고 3~4일 정 도 밤이슬을 맞히면서 말리면 메주의 퀴퀴한 냄새가 나지 않는다.

알아두기

• 고추장용 떡메주는 더위가 한창인 음력 8월 말경 백중을 전후해서 만들어 한 달 정도 띄운다.

• 잘 뜬 메주는 겉에 노랗고 흰 곰팡이가 피고 속은 노르스름한 빛을 띤다.

• 봄 고추장은 2월과 3월 사이(우수와 경칩 사이)에 담그면 소금이 적게 들어가 좋고, 가을 고추장은 9월이나 10월 초순 무렵에 담근다.

찹쌀고추장 ①

재료 및 분량

찹쌀가루 400g, 엿기름가루 450g, 물 4ℓ
고춧가루 600g, 메줏가루 300g
물엿 1컵(288g)
굵은소금 1¼컵(200g)

만드는 방법

1 엿기름가루를 면 주머니에 넣고 미지근한 물에
   30분 정도 두었다가, 손으로 주물러 꼭 짜서 가
   라앉힌 다음 웃물을 따라놓는다. 솥에 엿기름
   웃물과 찹쌀가루를 넣고 30분 정도 삭힌다.

2 찹쌀죽이 삭으면 눋지 않도록 주걱으로 저으면
   서 ⅔ 정도가 남게 낮은 불에서 졸인 다음 큰 그
   릇에 쏟는다.

3 식힌 찹쌀죽에 메줏가루와 고춧가루, 소금, 물
   엿을 넣고 고루 섞어 간을 맞춘다.

4 고추장을 항아리에 7~8부 정도 담고 웃소금을
   뿌린 후 면포로 덮어서 햇볕이 잘 드는 곳에 놓
   고 3~4개월 정도 익힌다.

알아두기

• 고추장을 담글 때 굵은소금은 잘 녹지 않으므로 다음날
  3회 정도 나누어 넣어도 좋다.

• 고추장 농도는 나무주걱으로 저었을 때 가볍게 저어지는
  정도이다.

• 찹쌀고추장은 윤기가 나고 매끄러워서 초고추장을
  만들거나 음식의 색을 곱게 내야 할 때 주로 사용한다.

• 간수를 제거한 소금을 사용해야 쓴맛이 없고 맛있다.

찹쌀고추장 ②

재료 및 분량

찹쌀가루 6컵(600g)
메줏가루 300g, 고춧가루 500g
조청 1컵(288g), 끓여 식힌 물 11컵(2.1ℓ)
소금 1⅓컵(220g)

만드는 방법

1. 빻아놓은 찹쌀가루에 끓는 물을 넣고 익반죽해
   서 도넛 모양의 구멍떡을 만든다.

2. 끓는 물에 구멍떡을 넣고 삶는다.

3. 큰 그릇에 구멍떡을 담고, 떡 삶았던 물을 부으
   면서 방망이로 잘 풀어준다.

4. 식으면 메줏가루와 고춧가루, 조청을 넣어 잘
   섞고, 다음 날 소금을 2~3회 나누어 넣고 골고
   루 섞어 간을 맞춘다.

5. 고추장을 항아리에 담고 웃소금을 뿌린 후 면
   포로 덮어서 햇볕이 잘 드는 곳에 놓고 3~4개
   월 정도 익힌다.

알아두기

• 고추장을 항아리에 넣기 전에 3~4일 정도 나무주걱으로
  자주 저어 주면 간이 골고루 배고 농도를 맞추기가
  쉬우며 넘치지 않아 좋다.

• 고추장은 지방에 따라 온도에 따라 숙성되는 시간이
  다르다. 3~4개월 정도 숙성시키면 고추의 매운맛과
  메주의 구수한 맛, 찹쌀 전분의 단맛과 소금의 짠맛이
  잘 어우러져 감칠맛이 나게 된다.

보리띄우기

❋ 재료 및 분량

보리쌀 1kg
황국균 10g

❋ 만드는 방법

1 보리를 물에 8시간 정도 담가 잘 불린다.

2 불린 보리쌀로 보리밥을 짓고 미지근하게 식혀서 황국균을 넣고 골고루 섞는다.

3 채반에 젖은 면포를 깔아놓는다. 면포 위에 황국균을 넣고 섞은 보리밥을 펴 놓고 그 위에 젖은 면포를 덮는다.

4 채반을 위에 덮고 전기장판으로 20~22℃의 온도를 맞추어 14시간 정도 감싸 놓는다.

알아두기

· 공기가 잘 통하도록 채반을 덮는다.

· 전기장판이 없으면 미지근한 방바닥에 놓고 얇은 이불을 덮어도 된다.

· 보리가 잘 띄워져야 보리고추장이 맛있다.

전통 보리고추장

✳ 재료 및 분량

보리쌀 1kg, 엿기름가루 600g, 물 27.5컵(5.5ℓ)
메줏가루 500g, 고춧가루 1kg, 소금 2½컵(400g)

✳ 만드는 방법

1 보리쌀은 깨끗이 씻고 조리로 일어서 8시간 정도 불린 후 보리밥을 짓는다.

2 엿기름가루를 면 주머니에 넣고 미지근한 물에 30분 정도 담갔다가 주물러 꼭 짜서 가라앉힌 다음 웃물만 따라낸다.

3 엿기름 웃물과 보리밥을 솥에 넣고 한 시간 정도 두었다가 보리밥이 삭으면 눋지 않도록 주걱으로 저으면서 ⅔ 정도가 남도록 졸인다.

4 보리밥 졸인 것을 큰 그릇에 쏟아 식으면 메줏가루와 고춧가루, 소금을 넣고 잘 섞어 간을 맞춘다.

5 간 맞춘 장을 항아리에 7부 정도 담고 웃소금을 뿌린 후 면포로 덮어 햇볕이 잘 드는 곳에 놓고 4~5개월 정도 익힌다.

알아두기

• 보리고추장은 다른 고추장에 비해 색이 검기 때문에 고춧가루가 좀 더 들어간다.

• 대개 3~4월에 담그는데 날씨가 더워지면 파리가 꼬이므로 가을에 담그기도 한다.

• 보리고추장은 빛깔이 곱고, 짜거나 맵지 않으며 구수한 맛이 특징이다.

개량보리고추장

 재료 및 분량

보리쌀 1kg, 황국균 10g(보리 1kg에 10g 분량)
엿기름가루 500g, 물 3.7ℓ, 메줏가루 250g
고춧가루 11컵(1.1kg), 굵은소금 1¼컵(200g)

만드는 방법

1. 보리를 깨끗이 씻어 물에 8시간 정도 담가 불린다. 불린 보리를 3시간 정도 푹 찐 다음 미지근하게 식혀서 황국균을 넣고 고루 섞어 젖은 면포를 깔고 채반에 펴놓는다.

2. 면 주머니에 엿기름가루를 넣고 미지근한 물에 30분 정도 담갔다가 주물러 꼭 짠 다음 웃물을 따라내어 솥에 넣고 ⅔ 정도가 남도록 졸인다.

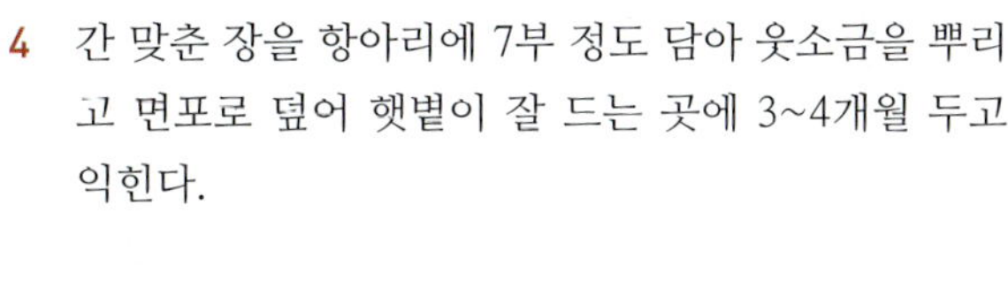

3. 큰 그릇에 보리죽을 쏟아 식힌 다음 메줏가루와 고춧가루, 엿기름물, 소금을 넣고 잘 섞어 간을 맞춘다.

4. 간 맞춘 장을 항아리에 7부 정도 담아 웃소금을 뿌리고 면포로 덮어 햇볕이 잘 드는 곳에 3~4개월 두고 익힌다.

알아두기

- 고추장이 익으면서 부글부글 끓어오르는 깃은 간이 싱겁거나 농도가 묽을 때 나타나는 현상으로 고추장이 변질될 우려가 있으니 소금 간과 농도를 잘 맞춘다.
- 20~22℃에서 14시간 정도 띄우면 흰색의 솜털 같은 것이 생긴다. 이때 온도가 지나치게 높으면 황국균이 죽으므로 주의한다.

밀가루고추장

밀가루 900g, 엿기름가루 250g, 물 17.5컵(3.5ℓ)
메줏가루 140g, 고춧가루 450g, 소금 1컵(160g)
물엿 ½컵(144g), 소주 ½컵(100㎖)

만드는 방법

1 미지근한 물에 엿기름가루를 넣고 30분 정도 두었다가 비벼 가라앉힌 다음 웃물만 따라낸다.

2 엿기름 웃물에 밀가루를 풀어서 냄비에 넣고 30분 정도 두어 삭힌다.

3 불에 올려서 ⅔가 남도록 졸인다.

4 밀가루죽 쑨 것을 큰 그릇에 쏟아붓고 식으면 메줏가루와 고춧가루, 물엿, 소주, 소금을 넣고 고루 섞어서 간을 맞춘다.

5 항아리에 7부 정도 담아서 웃소금을 뿌린 후 면포로 덮어서 햇볕이 잘 드는 곳에 두고 3~4개월 정도 숙성시킨다.

알아두기

· 고추장에 들어가는 엿기름은 단맛을 내기도 하지만 방부제 역할도 하므로 남쪽 지방에서 애용한다.

· 밀가루고추장은 찌개나 장아찌를 만드는 데 적합하다.

대추찹쌀고추장

❋ 재료 및 분량

엿기름가루 400g, 물 12컵(2.4ℓ)
찹쌀가루 400g, 대추고 600g
메줏가루 200g, 고춧가루 300g
물엿 1컵(288g), 굵은소금 1컵(160g)

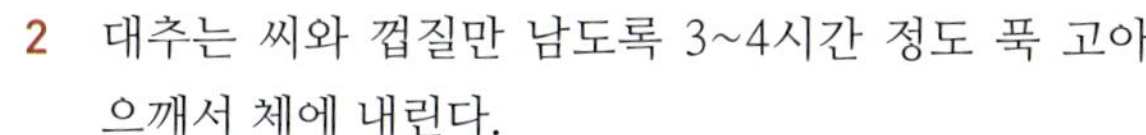

❋ 만드는 방법

1 미지근한 물에 엿기름가루를 담가 30분 정도 불린다. 불린 엿기름가루를 손으로 비벼서 체에 걸러 가라앉힌 다음 웃물만 따라낸다.

2 대추는 씨와 껍질만 남도록 3~4시간 정도 푹 고아 으깨서 체에 내린다.

3 솥에 엿기름 웃물을 붓고 찹쌀가루를 풀어 30분 정도 두어 삭힌다. 찹쌀죽이 삭으면 ⅔ 정도 남도록 졸이다가 대추 으깬 것을 넣고 더 졸인다.

4 잘 졸여진 대추찹쌀죽을 큰 그릇에 쏟아 식으면 메줏가루와 고춧가루, 물엿, 소금을 넣고 잘 섞어서 간을 맞춘다.

5 간 맞춘 장을 항아리에 7~8부 정도 담고 웃소금을 뿌린 후 면포로 덮어서 햇볕이 잘 드는 곳에 놓고 3~4개월 정도 익힌다.

알아두기

• 대추는 푹 삶아 체에 내려서 걸쭉하게 졸인다.

• 약고추장(볶은고추장)으로 만들면 밑반찬으로 좋고 비빔밥에 곁들여도 좋다.

수수딸기고추장

딸기 1kg, 엿기름가루 200g, 물 10컵(2ℓ)
수수가루 500g, 메줏가루 100g, 고춧가루 4컵(372g)
물엿 ⅓컵(96g), 소주 ⅓컵(70㎖), 소금 1¼컵(200g)

만드는 방법

1 으깬 딸기를 약불에서 500g 정도가 되도록 졸인다.

2 엿기름가루를 면 주머니에 넣고 미지근한 물에 30분 정도 담가 주물러 짠 다음 웃물을 따라놓는다.

3 엿기름 웃물과 수수가루를 솥에 넣고 30분 정도 두었다가 잘 삭으면 불에 올려서 ⅔가 남도록 졸인다.

4 큰 그릇에 쏟아 식으면 메줏가루, 고춧가루, 딸기 졸인 것, 소금을 넣고 고루 저어 간을 맞춘다.

5 간 맞춘 장을 항아리에 7~8부 정도 담고 웃소금을 뿌린 후 면포로 덮어서 햇볕이 잘 드는 곳에 놓고 3~4개월 정도 익힌다.

알아두기

• 딸기 고추장은 달여서 바로 먹을 수도 있다.

• 딸기 대신 귤이나 양파 등을 넣고 졸여서 고추장을 담가도 된다.

• 찹쌀가루에 딸기 졸인 것을 넣고 고추장을 담가도 좋다.

마늘고추장

❋ 재료 및 분량

마늘 400g, 찹쌀가루 600g
끓여 식힌 물 7컵(1.4ℓ)
메줏가루 200g, 고춧가루 4컵(372g)
물엿 1½컵(432g), 소금 2컵(320g)

❋ 만드는 방법

1 마늘은 굵게 다진다.

2 찹쌀가루는 익반죽해서 구멍떡을 만들어 끓는 물에
   삶아 건진다.

3 큰 그릇에 구멍떡을 담고 구멍떡 삶았던 물을 조금씩
   부으면서 방망이로 풀어놓는다.

4 메줏가루와 고춧가루, 마늘, 물엿, 소금을 넣고 잘 섞
   어서 간을 맞춘다.

5 간 맞춘 장을 항아리에 7~8부 정도 담고 웃소금을
   뿌린 후 면포로 덮어서 햇볕이 잘 드는 곳에 놓고
   3~4개월 정도 익힌다.

알아두기

• 마늘은 너무 곱게 다지면 씹히는 맛이 없고 질어지므로 굵게 다진다.

• 마늘을 많이 넣으면 고추장이 질어지므로 조리법에 정해진 분량 만큼만 적당히 넣는다.

호박고추장

✳ 재료 및 분량

단호박 1kg(찐 것 500g)
엿기름가루 300g, 끓여 식힌 물 10컵(2ℓ)
메줏가루 200g, 고춧가루 300g
굵은소금 1컵(160g)

✳ 만드는 방법

1 단호박은 4등분하여 씨를 제거한 다음 찜통에 넣고 15~20분 정도 쪄서 속을 긁어낸다.

2 엿기름가루를 면 주머니에 넣고 미지근한 물에 30분 정도 담가 주물러 짠 다음 웃물을 따라놓는다.

3 엿기름 웃물과 단호박을 솥에 넣고 30분 정도 두었 다가 삭으면 불에 올려서 ⅔가 남도록 졸인다.

4 큰 그릇에 쏟아 식힌 후 메줏가루와 고춧가루, 소금 을 넣고 잘 섞어서 간을 맞춘다.

5 간 맞춘 장을 항아리에 7~8부 정도 담고 웃소금 을 뿌리고 면포로 덮어서 햇볕이 잘 드는 곳에 두고 3~4개월 정도 익힌다.

알아두기

• 전분이 들어가지 않아서 고추장이 발효되면서 질어질 수 있으니 보통 고추장보다 농도를 되게 한다.

• 호박고추장은 달콤하면서 호박의 카로틴 성분이 다량 함유되어 영양도 풍부하다.

고구마고추장

찐 고구마 500g, 엿기름가루 200g, 물 8컵(1.6ℓ)
메줏가루 100g, 고춧가루 300g
굵은소금 ⅔컵(100g)

＊ 만드는 방법

1 엿기름가루를 물에 담가 30분 정도 두었다가 비벼서
체에 걸러 가라앉힌 다음 웃물만 따라놓는다.

2 고구마는 껍질을 벗겨 무르게 찐다.

3 엿기름 웃물과 찐 고구마를 솥에 넣고 삭으면 불에
올려서 ⅔ 정도가 남도록 잘 저으면서 졸인다.

4 큰 그릇에 쏟아 식으면 메줏가루와 고춧가루, 소금을
넣고 잘 섞어서 간을 맞춘다.

5 간 맞춘 장을 항아리에 7~8부 정도 담고 웃소금을
뿌린 후 면포로 덮어 햇볕이 잘 드는 곳에 3~4개월
정도 놓고 익힌다.

알아두기

• 고구마고추장은 밤고구마로 담그면 맛이 좋다.

• 엿기름물에 찐 고구마를 넣고 잘 졸이면 묽은 엿처럼 된다.

육포고추장

재료 및 분량

찹쌀가루 4컵(400g), 끓여 식힌 물 20컵(4ℓ)
육포 100g, 대추 200g
메줏가루 150g, 고춧가루 600g
꿀 1컵(300g), 소금 ½컵(80g)

만드는 방법

1 찹쌀가루를 준비한다.

2 육포와 대추는 가루로 곱게 간다.

3 솥에 찹쌀가루와 물을 넣고 불에 올려서 죽을 쑨다.

4 큰 그릇에 쏟아 식으면 메줏가루와 고춧가루를 넣고 골고루 저어 준 다음 갈아 놓은 육포와 대추, 꿀을 넣고 소금으로 간을 맞춘다.

5 간 맞춘 장을 항아리에 담고 웃소금을 뿌린 후 면포로 덮어 햇볕이 잘 드는 곳에 놓고 3~4개월 정도 익힌다.

알아두기

• 육포를 다져 넣어 고기의 감칠맛과 풍미가 더해져 깊은 맛이 난다.

• 모든 음식에 활용할 수 있다.

03

장을 활용한 음식

'한국의 음식 맛은 장맛'이라는 말이 있듯이 한식 솜씨는 장맛으로 좌우된다. 한국 음식은 밥을 주식으로 하고, 장을 활용하여 끓인 국이나 찌개, 전골에 다양한 반찬을 곁들이는데 이로써 균형 잡힌 한 끼 식사를 할 수 있다. 장을 활용한 음식은 감칠맛이 있으면서 구수하고 깊은 맛을 내는 것이 특징이다. 햇간장은 주로 맑은 장국, 묵은 진간장은 무침이나 조림요리, 햇고추장은 조림이나 비빔요리, 묵은 고추장은 장아찌, 묵은 된장은 된장찌개나 나물 무침에 사용해 음식의 맛을 더한다.

양념게장

❊ 재료 및 분량

꽃게 1kg, 소금 ½큰술(6g)
간장 3큰술(54g), 실파 5뿌리
풋고추 3개(45g)

꽃게양념
고춧가루 4큰술(28g), 다진 마늘 1큰술(16g)
다진 생강 2큰술(24g), 설탕 1큰술(12g)
통깨 1큰술(7g), 물엿 2큰술(38g)

❊ 만드는 방법

1 꽃게는 살아있는 싱싱한 것으로 준비하고 솔로 깨끗
   이 문질러 닦는다. 게딱지를 분리해 아가미와 모래주
   머니를 떼어내고 다리 끝마디를 자른다. 몸통을 2등
   분 하고 몸통에 다리가 붙어있는 부분에 칼집을 넣어
   크기에 따라 2~4등분한다.

2 간장과 소금을 넣어 밑간을 하고 한 시간 정도 둔다.
   실파와 풋고추는 깨끗이 씻어 실파는 2㎝ 길이로 썰
   고 풋고추는 씨를 빼고 어슷 썬다.

3 게를 절였던 간장을 따라낸다.

4 따라낸 간장에 실파와 풋고추, 고춧가루, 꽃게양념을
   넣고 준비한 꽃게를 잘 버무린다.

알아두기

• 게장은 산란기를 피해서 담근다. 게의 산란기는 보통 4월에서 6월까지인데 산란기의 게는 살이 없어서 맛이 없다.
  암게는 가을에, 수게는 여름에 살이 많고 맛이 있다.

• 꽃게는 잘 상하니 싱싱한 것이 아니면 장을 담그지 않는다.

• 고춧가루의 양은 식성에 따라 가감해도 좋다.

새우장

✳ 재료 및 분량

새우(中) 2kg, 소주 4컵(800㎖)

양념장

통후추 1작은술(3g), 마늘 2통, 생강 30g
건고추 3~4개, 간장 6컵(1.2ℓ)

감초 우린 물

볶은 황기 10g, 볶은 감초 10g, 월계수 잎 3장
물 11컵(2.2ℓ)

✳ 만드는 방법

1 새우는 내장을 빼내고 잘 손질한다.

2 그릇에 새우를 담아 소주를 뿌려 한 시간 정도 둔 다음 건진다.

3 감초 우린 물 10컵에 편으로 썬 마늘과 생강, 나머지 양념장 재료를 모두 넣고 끓여 식힌 후 새우에 붓는다.

4 3일 정도 지나 새우장의 양념 국물을 따라내어 다시 끓여 식혀서 붓는다. 일주일 정도 지나면 새우에 간이 골고루 스며들어 먹기 좋다.

감초 우린 물 만드는 법

1 황기와 감초는 팬에 볶아 사용하면 향이 잘 우러나온다.

2 볶은 황기를 먼저 물에 우리다가 볶은 감초를 넣고 끓인 뒤 마지막에 월계수 잎을 넣고 한 번 더 살짝 끓이면 향과 맛이 좋다.

알아두기

- 새우는 단백질과 칼슘이 풍부한 일급 강장식품이다. 말린 새우는 단백질이 더 많다.
- 성장기 어린이의 경우 뇌 활동이나 성장호르몬을 만드는 데 도움이 된다.

돼지고기장조림

❋ 재료 및 분량

돼지고기 안심 200g, 물 4½컵(900㎖)

향채

대파 ½줄기(10g), 마늘 4개(20g), 생강 ½개(10g)

양념장

간장 2큰술(36g), 설탕 1⅓큰술(15g)

청주 1큰술(15g), 마늘 3개(15g)

생강 ½개(10g), 마른 홍고추 1개

❋ 만드는 방법

1 돼지고기는 핏물을 닦고 길이는 6㎝, 폭과 두께는
   3㎝ 정도로 썬다.

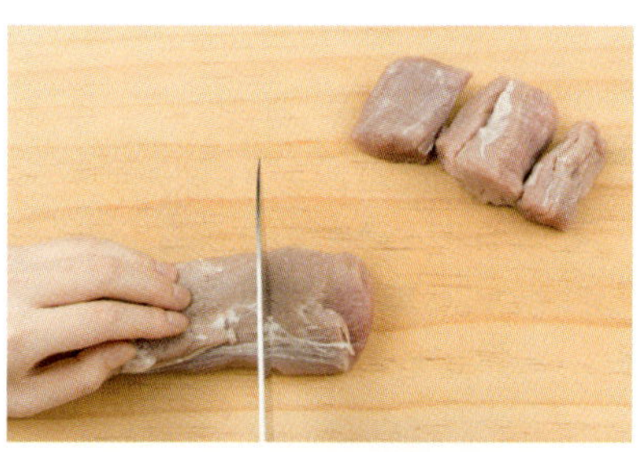

2 양념장에 들어갈 마늘과 생강은 깨끗이 씻어 두께
   0.5㎝ 정도로 편으로 썬다. 마른 홍고추는 면포로 닦
   고 길이 2㎝, 두께 0.5㎝ 정도로 어슷 썬다.

3 냄비에 물을 붓고 끓으면 돼지고기를 넣고 20분 정
   도 끓이다가, 중불로 낮추어 준비한 향채를 넣고 20
   분 정도 더 끓인 다음, 향채는 건져낸다.

4 양념장 재료 중 간장, 설탕, 청주를 넣고 끓이다가 마
   늘과 생강, 마른 홍고추를 넣고 20분 정도 더 끓인다.

알아두기

• 달걀이나 메추리알 등을 삶아서 함께 넣고 조리기도 한다.

• 돼지고기장조림은 처음부터 양념장을 넣고 조리면 고기가 질겨지므로, 고기가 익은 후에 양념장을 넣고 조린다.

• 돼지고기 안심은 고단백 저지방 식품으로 근육 손실을 방지하며, 기초대사량을 높여 성인병 환자나 비만인 사람이
  먹어도 좋다.

뿌리채소조림

연근 200g, 마 200g, 우엉 100g
다시마 10g, 물 2컵(400㎖)
마늘 5개(25g), 청고추 1개(15g), 홍고추 1개(15g)

조림장
진간장 4큰술(60g), 설탕 2큰술(24g)
청주 1큰술(15g), 꿀 1큰술(19g)
참기름 1큰술(13g), 통깨 ⅛작은술(0.4g)

✽ 만드는 방법

1 연근과 마는 깨끗이 씻어 껍질을 벗기고 0.7㎝ 두께
로 반달썰기 한다. 우엉은 깨끗이 씻어 껍질을 벗기
고 0.5㎝ 두께로 어슷 썬다.

2 다시마는 젖은 면포로 닦고 우엉과 같은 크기로 썬
다. 청고추, 홍고추는 깨끗하게 씻어 0.5㎝ 두께로 어
슷 썬다.

3 팬에 물을 붓고 먼저 연근과 우엉을 넣고 끓이다가,
끓어오르면 마와 다시마, 조림장을 넣고 조린다.

4 거의 조려지면 마늘, 청고추, 홍고추, 꿀을 넣어 센
불에서 윤기 나게 조린다. 불을 끄고 참기름과 통깨
를 뿌린다.

알아두기

• 우엉이 굵은 것은 가운데 심이 있어 질기므로 중간 크기가 좋다.

• 뿌리채소를 윤기 나게 조리려면 다 익은 후 뚜껑을 열고 국물을 끼얹어가며 조린다.

전복장

❊ 재료 및 분량

전복 2kg, 소주 4컵(800㎖)
감초 우린 물 10컵(2ℓ), 간장 6컵(1.2ℓ)
통후추 1작은술, 마늘 2통
건고추 3~4개, 생강 30g

감초 우린 물
물 11컵(2.2ℓ)
감초 10g, 황기 10g, 월계수 잎 3장

❊ 만드는 방법

1 전복은 솔로 깨끗이 문질러 씻어 그릇에 담고 소주를 뿌려 한 시간 정도 둔 다음 건진다.

2 황기를 먼저 물에 우린 다음, 감초를 넣고 30분 정도 끓인 뒤 마지막에 월계수 잎을 넣고 살짝 끓인다.

3 감초 우린 물에 간장, 통후추, 마늘, 건고추, 생강을 넣고 생강의 향이 우러나도록 끓여 식힌 후 전복에 붓는다.

4 3일 정도 지나면 전복장 양념을 따라내어 끓여 식혀 다시 전복장에 붓고 숙성시키면 전복에 간이 골고루 스며들어 먹기 좋다.

알아두기

• 여름철에는 양념장을 두 번 정도 더 끓여서 식혀 붓는다.

• 전복의 내장만 떼어서 장을 담그기도 하는데 이를 게웃젓이라고 한다.

• 전복의 내장과 껍질을 떼어내고 담가도 된다.

시래기된장찜

재료 및 분량

삶은 시래기 500g
된장 3큰술(50g)
다진 마늘 1큰술(15g)
깨소금 2큰술(12g)
들기름 2큰술(30g)
멸치다시마 국물 3컵(600㎖)
대파 ½대, 들깻가루 3큰술(20g)

만드는 방법

1 삶은 시래기는 물에 3~4시간 담가서 좋지 않은 냄새를 없애고 물기를 꼭 짜서 7㎝ 길이로 썬다.

2 냄비에 삶은 시래기를 담고 된장과 다진 마늘, 깨소금, 들기름을 넣는다.

3 양념이 잘 배도록 조물조물 무친다.

4 냄비에 양념한 시래기를 볶다가 멸치다시마 국물을 붓고, 30분 정도 푹 끓인다. 청장으로 간을 하고 들깻가루와 대파를 넣어 졸인다.

알아두기

- 시래기는 푹 삶아서 부드러워야 폐기량이 적다.
- 냄비에 물과 멸치를 넣고 센 불에 올려 끓으면 중불로 낮추어 15분 정도 끓이다가, 다시마를 넣고 불을 끄고 5분 후에 체에 걸러 멸치다시마 국물을 만든다.

강된장

❊ 재료 및 분량

쇠고기 우둔살 100g, 표고버섯 3개(15g)
청고추 1개(15g), 홍고추 1개(15g)

양념

된장 7큰술(200g), 고추장 3큰술(57g)
다진 파 2작은술(9g), 다진 마늘 1작은술(15g)
후춧가루 ⅛작은술(0.3g), 설탕 ½작은술(2g)
참기름 1작은술(4g), 깨소금 1큰술(6g)

멸치다시마 국물

멸치 30마리, 물 3컵(600㎖), 다시마 6g

❊ 만드는 방법

1 쇠고기는 길이 2㎝ 정도로 채 썰고 양념의 반을 넣어
무친다.

2 멸치는 내장을 떼고 달군 팬에 볶아서 물을 붓고 10분
정도 끓이다가 다시마를 넣고 조금 더 끓여 멸치 다
시마 국물을 만든다.

3 청고추와 홍고추는 씻은 후 길이로 반을 갈라 씨와
속을 떼어내고 굵게 다진다. 표고버섯은 물에 한 시
간 정도 불린 후 기둥을 떼고 물기를 닦아 길이 2㎝
정도로 채 썰고 나머지 양념으로 양념한다.

4 냄비에 식용유를 두르고 쇠고기와 표고버섯을 넣어
중불에서 볶다가 된장, 고추장, 멸치다시마 국물을
넣어 걸쭉하게 될 때까지 끓이다가 청고추, 홍고추,
대파를 넣고 2분 정도 더 끓인다.

알아두기

• 멸치는 달군 팬에 살짝 볶아 사용하면 비린내가 나지 않는다.

• 멸치다시마 국물은 너무 오래 끓이면 탁하고 떫어지므로 중불에서 10분 정도 끓이는 것이 좋다.

• 냄비에 물과 멸치를 넣고 센 불에 올려 끓으면 중불로 낮추어 10~15분 정도 끓이다가 다시마를 넣어 불을 끄고
5분 후에 체에 걸러 멸치다시마 국물을 만든다.

장땡이

쇠고기 우둔살 100g
된장 1½컵(340g), 고추장 ½컵(120g)
찹쌀가루 3컵(300g), 수수가루 1컵(170g)
풋고추 3개(45g), 부추 50g, 참기름 1큰술(13g)

양념

다진 파 1큰술(14g), 다진 마늘 2큰술(32g)
깨소금 3큰술(18g), 후춧가루 ⅓작은술(0.8g)

❋ 만드는 방법

1 쇠고기는 곱게 다져서 양념을 하고 풋고추와 부추는
   깨끗이 손질해 0.5㎝ 정도로 다진다.

2 된장과 고추장에 양념한 쇠고기를 넣고 잘 섞는다.
   찹쌀가루와 수수가루, 풋고추, 부추를 넣고 잘 치대
   서, 직경 6~7㎝, 두께 0.7㎝ 정도로 둥글게 빚거나
   달걀 모양으로 빚는다.

3 찜통에 물을 붓고 끓으면 젖은 면포를 깔고 빚은 장
   떡을 올려 5분 정도 찐 다음 채반에 널어 바짝 말린다.

4 잘 마른 장떡을 먹을 때 다시 쪄서 참기름을 바르고
   석쇠에 굽거나, 팬을 달구어 식용유를 두르고 지진다.

알아두기

· 1㎝ 정도의 크기로 썰거나 0.5㎝ 굵기로 채 썰어 먹기도 한다.

· 식욕이 없을 때 짭조름한 장땡이가 입맛을 돋워준다.

· 상추쌈을 먹을 때 함께 먹어도 좋다.

고등어된장구이

✳ 재료 및 분량

고등어 1마리(中), 실파 2뿌리

양념장

된장 1½큰술(25g), 다진 파 1작은술(4.5g)
다진 마늘 1작은술(5.5g), 설탕 1작은술(4g)
생강즙 1작은술(5g), 청주 1작은술(5g)
후춧가루 ⅛작은술(0.3g)

✳ 만드는 방법

1 고등어는 비늘을 긁고 깨끗이 씻어 3장 뜨기 한다.
   양념장 재료를 모두 넣고 섞어 양념장을 만든다.

2 만들어 둔 양념장의 ⅔를 고등어에 바르고 30분 정
   도 둔다. 실파는 깨끗이 다듬어 씻고 0.5㎝ 크기로
   송송 썬다.

3 석쇠를 달구어 식용유를 바르고 양념한 고등어를 얹
   어 앞뒤로 뒤집어가면서 굽는다. 노릇하게 구워지면
   남아있는 양념장을 덧바르고 중불로 낮추어 앞뒤로
   타지 않게 굽는다.

4 송송 썬 실파를 올려 내놓는다.

알아두기

• 냉동된 생선일 경우 찬물에 해동시켜 사용한다.

• 고등어가 크면 3장 뜨기를 하고 길이 5㎝ 정도로 자른 후 양념에 재워 굽는다.

• 고등어는 단백질과 지질이 풍부하며 가을이 제철이다. 여름에는 부패가 빨라 식중독 위험이 있다.

산야초 된장쌈밥

불린 쌀 2컵(360g), 물 2½컵(500㎖)
산야초(뽕잎, 명아주, 망초대 잎 등) 삶은 것 50g
불린 표고버섯 2개

산야초양념
간장 ¼큰술(4.5g), 참기름 ½작은술(2g)

된장양념장
된장 3큰술(50g), 다진 양파 1큰술(15g)
물 2큰술(30g), 매실효소액 2큰술(30g)
들기름 1큰술(15g), 표고버섯가루 1큰술

※ 만드는 방법

1 표고버섯은 0.5㎝ 크기로 썬다.

2 산야초는 끓는 물에 소금을 넣고 살짝 데친 후, 잎이
  넓은 것으로 반 정도 남기고 나머지는 다져서 산야초
  양념을 넣고 무친다.

3 쌀에다 잘게 썬 산야초와 표고를 넣고 고슬고슬하게
  밥을 짓는다. 된장양념장 재료는 잘 섞어 따로 둔다.

4 산야초 잎을 넓게 펴서 밥과 된장양념장을 넣고 한입
  크기로 말아 쌈밥을 만들고 된장양념장과 함께 내놓
  는다.

알아두기
- 산야초는 계절별로 신선한 재료를 사용하는 것이 좋다.
- 질기지 않은 어린 산야초를 사용한다.

된장소스마튀김

❈ 재료 및 분량

마 400g, 밀가루 ½큰술(3.5g)
흑임자 1작은술(2g), 마늘 10개(50g)
식용유 1컵(170g)

튀김옷

찹쌀가루 1컵(100g), 전분 4큰술(32g)
물 1컵(200㎖), 소금 ⅛작은술(0.5g)

된장소스

된장 1큰술(17g), 마효소액 3큰술(45g)
식초 2큰술(30g), 마 40g, 청고추 ½개(7g)
홍고추 ½개(7g), 설탕 1큰술(12g)

❈ 만드는 방법

1   마는 껍질을 벗겨 0.3㎝ 두께로 둥글게 썬다.

2   마에 밀가루를 묻힌다.

3   찹쌀가루에 전분과 소금, 물을 넣어 튀김옷을 만든다.

4   마에 튀김옷을 입혀 130℃의 기름에 튀긴 후 기름기
    를 제거하고 흑임자를 뿌린다. 마늘은 중불에서 튀겨
    기름기를 제거하고 된장소스와 함께 내놓는다.

알아두기

• 마늘은 낮은 온도에서 충분히 튀겨 익혀야 맵지 않다.

• 마는 살짝 튀겨내야 아삭거리는 질감을 느낄 수 있고, 모양이 깔끔하다.

장유곽

❋ 재료 및 분량

대합(中) 3개, 청주 1큰술(15g), 조갯살 1컵
다진 쇠고기 50g, 미나리 30g, 깻잎 10장
청고추 2개(30g), 홍고추 1개(15g), 양파 ½개(75g)

양념장

된장 2큰술(34g), 고추장 1큰술(19g)
고춧가루 1큰술(7g), 다진 파 1큰술(14g)
다진 마늘 ½큰술(8g)
참기름 1큰술(13g), 설탕 ½큰술(6g)

❋ 만드는 방법

1   대합은 해감한 후 살을 떼어내서 청주를 뿌리고 5분
    정도 쪄서 다진다.

2   조갯살은 물기가 없도록 볶은 후 굵게 다진다. 쇠고
    기는 핏물을 뺀다. 미나리와 깻잎, 청고추, 홍고추는
    깨끗이 손질하여 다진다.

3   쇠고기에 양념장을 넣고 잘 버무려 팬에 볶다가 고기
    가 익으면 다진 대합과 조갯살, 분량의 물을 넣고 되
    직해지면 준비한 채소를 넣는다.

4   대합의 껍질 속에 볶아 놓은 재료를 담아낸다.

알아두기

- 조갯살은 내장을 제거한 후 소금물에 씻어 사용하면 모래가 제거된다.
- 대합은 한 시간 정노 해감한 후에 사용한다.
- 잘게 다진 채소는 대합과 조갯살이 거의 볶아지면 마지막에 넣는다.
- 쌈장으로 먹거나 비빔밥에 넣어 먹기도 한다.

알된장

다진 쇠고기 30g, 다진 파 1작은술(3g)
다진 마늘 ½작은술(5.5g), 후추 ⅛작은술(0.1g)
된장 2큰술(34g), 양파 ⅓개(50g), 부추 10g
풋고추 1개(15g), 호박 ½개(150g)
달걀 2개(120g), 식용유 1큰술(15g)

❋ 만드는 방법

1 쇠고기는 핏물을 닦아내고 다진 파, 마늘, 후추로 양
   념한다.

2 호박은 골패 모양으로, 양파와 부추, 풋고추는 송송
   썬다.

3 약불에 뚝배기를 올리고 식용유를 두른 다음 쇠고기
   를 넣고 볶는다. 부추를 뺀 모든 채소와 된장을 넣고
   조금 더 볶다가 물을 넣어 자글자글 끓인다.

4 달걀을 풀어 넣어 잘 젓고 다 익기 전에 불을 끄고 부
   추를 올린다.

알아두기

• 국물은 자작해야 하며, 뻑뻑하지 않고 부드러워야 한다.

• 불 조절을 잘해서 한 번 끓어오른 후에는 약불로 줄여 서서히 끓이는 것이 좋다.

• 계절에 맞는 신선한 채소를 쓴다.

약고추장

쇠고기 우둔살 40g
고추장 5큰술(95g), 설탕 1큰술(12g)
참기름 1½큰술(20g)

양념
다진 파 2작은술(10g)
다진 마늘 1작은술(6g)
물 6큰술(90g), 잣 1큰술(10g)

* 만드는 방법

1 쇠고기는 핏물을 빼고 곱게 다진다.

2 양념을 만들어 다진 쇠고기에 넣고 잘 주무른다.

3 달구어진 팬에 식용유를 두르고 쇠고기를 넣고 중불
   로 낮추어 2분 정도 볶다가 고추장과 설탕, 참기름을
   넣고 3분 정도 볶는다.

4 물을 부어 5분 정도 더 볶아서 잣을 올려 내놓는다.

알아두기

· 비빔밥에 올려 먹는다.

· 쌈을 싸먹어도 좋다.

병어고추장조림

병어 2마리, 파 1대
마늘 5개, 생강 ½개

조림장
간장 1큰술(18g), 고추장 3큰술(57g)
고춧가루 1큰술(7g), 물 ½컵(100㎖)
참기름 1큰술(13g)

만드는 방법

1 병어는 비늘을 긁어내고 머리와 지느러미, 꼬리를 자르고 내장을 빼내어 깨끗이 씻는다. 큰 병어는 2등분한다.

2 파와 마늘, 생강은 깨끗이 씻어 2㎝ 길이로 채 썰고 조림장을 만든다.

3 팬에 준비한 조림장을 넣고 잘 섞는다.

4 조림장 위에 병어를 놓고 나머지 조림장을 병어 위에 더 올리고 마늘 채와 생강 채를 올린다. 병어가 어느 정도 익으면 참기름을 넣고 잘 섞은 다음 채 친 파를 얹어 그릇에 담아낸다.

알아두기

• 무를 두툼하게 썰어서 냄비 바닥에 놓고 병어를 얹어 양념장을 넣고 조려도 된다.

• 병어가 크면 소금을 살짝 뿌렸다가 씻지 않고 조려도 된다.

고추장소스가자미튀김

✳ 재료 및 분량

가자미 2마리, 소금 2작은술(8g)
녹말 2큰술(16g), 식용유 2컵(340g)

고추장소스
간장 1큰술(18g), 고추장 3큰술(57g)
고춧가루 1큰술(7g), 다진 마늘 1큰술(15g)
설탕 1큰술(12g), 물엿 1큰술(19g)

✳ 만드는 방법

1 가자미는 비늘을 긁어내고 머리와 지느러미, 꼬리를
  자르고 내장을 빼내어 깨끗이 씻은 후 물기를 닦는다.

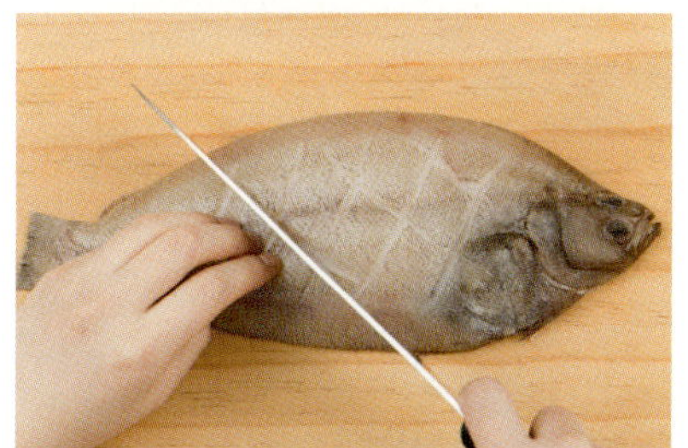

2 가자미 앞뒷면에 열십자로 칼집을 넣고 소금을 살짝
  뿌린다.

3 가자미의 물기를 닦고 녹말가루를 뿌린다.

4 가자미를 180℃의 식용유에 두 번 튀긴다.

5 팬에 고추장 소스를 넣고 윤기 나게 끓으면 튀긴 가
  자미 위에 끼얹는다.

알아두기

- 가자미에 칼집을 넣어야 간이 잘 배고 속까지 잘 익는다.

- 가자미는 너무 크지 않은 노란색의 참가자미가 좋다.

매콤돼지불고기

돼지고기 삼겹살 1근(600g)

양념장
고추장 1큰술(18g), 고춧가루 2큰술(14g)
설탕 1큰술(12g), 다진 파 1큰술(14g)
다진 마늘 1큰술(16g), 다진 생강 1큰술(12g)
후춧가루 ⅓작은술(1g), 새우젓 3큰술(45g)
청주 2큰술(30g), 참기름 1큰술(13g)

만드는 방법

1 삼겹살은 0.5㎝ 정도의 두께로 길이대로 썬다.

2 양념장 재료를 모두 섞어 양념장을 만든다.

3 돼지고기에 간이 잘 배도록 양념장을 앞뒤로 골고루
  바른다.

4 석쇠를 달구어 식용유를 바르고 돼지고기를 올린다.
  석쇠는 불에서 15㎝ 정도 높이로 올려 앞뒤를 돌려
  가며 7분 정도 굽는다.

5 잘 구워진 돼지고기를 4㎝ 길이로 썰어 그릇에 담아
  낸다.

알아두기

• 삼겹살을 통째로 끓는 물에 살짝 데쳐 0.4㎝ 두께로 길이대로 썰어 구워도 좋다.

• 고추장 양념이므로 구울 때 타지 않도록 신경 쓴다.

얼큰새뱅이탕

새뱅이 민물새우 ⅔컵, 무 ¼개(250g)
애호박 ⅓개(100g), 물 6컵(1.2ℓ), 대파 ½대
청양고추 1개(10g), 홍고추 ½개(7g)
느타리버섯 100g, 미나리 100g
소금 ½작은술(2g)

양념장
고추장 1큰술(19g), 고춧가루 1½큰술(10g)
다진 마늘 ½큰술(8g), 생강즙 1작은술(5g)
후추 ⅛작은술(2.5g), 소금 ⅛작은술(2.5g)

❋ 만드는 방법

1 민물새우는 흐르는 물에 여러 번 씻고, 마지막엔 소
   금물에 헹구어 건져 물기를 뺀다.

2 무는 손질하여 가로 5㎝, 세로 4㎝, 두께 0.5㎝ 정도
   의 크기로 썰고, 애호박은 반달 모양으로 썬다. 대파
   와 고추는 어슷 썬다. 느타리는 밑동을 잘라 가닥가
   닥 뜯어놓고, 미나리는 5㎝ 정도 길이로 썬다.

3 분량의 물에 민물새우와 무, 애호박, 양념장을 넣고
   센 불에서 끓이다가 중불로 낮추어 15분 정도 더 끓
   인다.

4 버섯과 대파, 청양고추, 홍고추를 넣고, 소금으로 간
   하고 2분 정도 더 끓여 미나리를 얹어 내놓는다.

알아두기

• 지방마다 또는 식성에 따라 수제비를 넣고 끓여 먹기도 한다.

• 새뱅이는 무와 궁합이 잘 맞아 무를 넣고 지짐이를 만들어도 맛있다.

• 고추장을 많이 넣으면 텁텁하므로 고춧가루와 적절히 섞어 쓴다.

• 민물새우라서 흙냄새가 날수도 있으니 여러 번 씻는 것이 좋다.

04

장 소스 만들기

우리의 전통 발효음식인 된장, 고추장, 간장을 이용하여 만든 다양한 소스는 풍부한 자연의 맛을 지니고 있다. 소스는 음식의 맛을 보충하거나 강조하고 수분을 유지시키며 음식을 더 신선하고 맛있게 해준다. 장 소스는 음식의 특성에 맞게 만들어 어떤 재료와 함께 사용하든 음식 본연의 맛을 크게 헤치지 않으면서 풍미를 더해준다.

간장불고기소스

❋ 재료 및 분량

간장 1컵 1큰술(225g), 배즙 1컵 2큰술(250g)
다진 파 4큰술(56g), 다진 마늘 2큰술(36g)
설탕 6큰술(72g), 꿀 2큰술(38g)
깨소금 2큰술(12g), 후춧가루 ⅓작은술(0.8g)
참기름 2큰술(26g)

❋ 만드는 방법

1 간장불고기소스 재료를 준비한다.

2 배는 깨끗이 씻어 껍질을 벗기고 강판에 갈아
   즙을 낸다.

3 파, 마늘은 깨끗이 씻어 곱게 다진다.

4 볼에 모든 재료를 넣고 잘 섞는다.

알아두기

• 배를 갈아 넣어 깊고 부드러운 단맛을 낸다.

• 만능 간장소스로 고기, 생선 조림, 어패류 조림 등에
  이용하면 좋다.

간장파인애플소스

✱ 재료 및 분량

간장 ½컵(120g), 파인애플 통조림 300g
연겨자 3큰술(48g), 식초 7큰술(105g)
설탕 10큰술(120g), 꿀 3큰술(57g)
레몬즙 3큰술(45g), 소금 ½작은술(2g)

✱ 만드는 방법

1 간장파인애플소스 재료를 준비한다.

2 파인애플을 1㎝ 크기로 썬다.

3 믹서에 파인애플 썬 것과 간장, 연겨자, 식초를
  넣고 곱게 간다.

4 곱게 간 재료에 설탕, 꿀, 레몬즙, 소금을 넣고
  고루 섞는다.

알아두기

• 파인애플이 들어가 새콤달콤하면서 짜지 않은 간장
  소스의 맛을 낸다.

• 과일샐러드, 수육에 사용하면 좋다.

간장청양고추소스

재료 및 분량

간장 4큰술(72g), 배 ⅓개(100g)
청양고추 15개(150g), 홍고추 1개(10g)
올리브유 4작은술(52g)
설탕 5큰술(60g), 소금 1⅓작은술(14g)
식초 2큰술(30g)

만드는 방법

1 간장청양고추소스 재료를 준비한다.

2 배는 깨끗이 씻어 껍질을 벗기고 큼직하게 썬다.

3 청양고추와 홍고추는 깨끗이 씻어 씨를
  제거하고 3등분으로 썬다.

4 믹서에 준비한 재료를 모두 넣고 곱게 간다.

알아두기

• 청양고추가 들어가 매콤하면서 개운한 맛을 낸다.

• 해물요리 소스로 활용하면 좋다.

✳ 재료 및 분량

간장 2큰술(36g), 사과 125g, 양파 100g
포도씨유 4½큰술(60g), 레몬즙 2큰술(30g)
설탕 3큰술(36g), 소금 2작은술(8g)
식초 2큰술(30g)

✳ 만드는 방법

1 간장사과소스 재료를 준비한다.

2 사과는 깨끗이 씻어 껍질째 큼직하게 썬다.

3 양파도 깨끗이 씻어 사과와 비슷한 크기로 썬다.

4 믹서에 준비한 재료를 모두 넣고 곱게 간다.

알아두기

- 사과와 양파가 들어가 은은한 단맛을 낸다.
- 각색전 소스로 사용하면 좋다.

간장흑미소스

재료 및 분량

간장 4큰술(72g), 흑미 삶은 것 6큰술(90g)
포도씨유 10큰술(130g), 설탕 4큰술(48g)
소금 1½작은술(6g), 꿀 4큰술(76g)
참기름 2작은술(8g), 피클 2큰술(25g)
식초 8큰술(120g)

만드는 방법

1 흑미는 깨끗이 씻어 3시간 정도 물에 불린 후
   체에 밭쳐 물기를 뺀다.

2 냄비에 흑미와 물을 넣고 센 불에서 10분 정도
   끓이다 중불로 낮추어 20분 정도 끓이고
   10분 정도 뜸을 들인다.

3 믹서에 흑미밥, 간장, 포도씨유, 설탕, 소금,
   꿀, 참기름을 넣고 곱게 간다.

4 갈아놓은 재료에 다진 피클, 식초를 넣어
   고루 섞는다.

알아두기

• 흑미 특유의 구수한 맛이 난다.
• 향이 강한 다양한 샐러드에 소스로 이용하면 좋다.

간장부추소스

❋ 재료 및 분량

간장 6큰술(108g), 부추 120g, 홍고추 30g
설탕 4작은술(16g), 물 3큰술(45g)
소금 ¼작은술(1.5g), 깨소금 6큰술(36g)
참기름 6큰술(78g)

❋ 만드는 방법

1 간장부추소스 재료를 준비한다.

2 부추는 손질하여 깨끗이 씻어 물기를 빼고
  0.2㎝정도로 썬다.

3 홍고추는 깨끗이 씻어 씨를 빼고 곱게 다진다.

4 볼에 준비한 모든 재료를 넣고 고루 섞는다.

알아두기

• 신선한 부추의 향을 느끼기 위해서 부추는 맨 마지막에
  섞어주는 것이 좋다.

• 콩나물밥이나 녹두전 양념장으로 이용하면 좋다.

  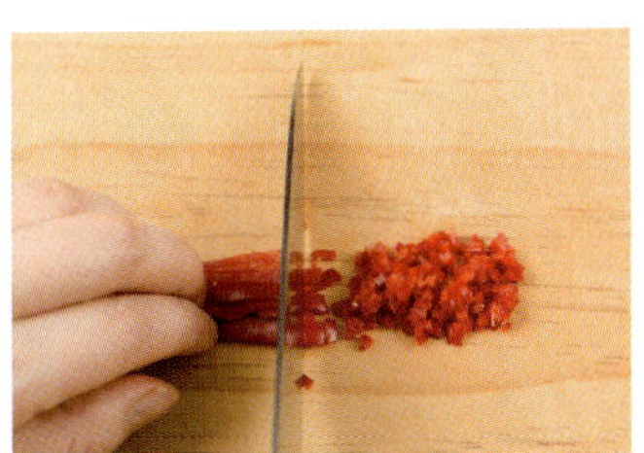 

간장연겨자소스

❋ 재료 및 분량

간장 3큰술(54g), 연겨자 9큰술(144g)
마요네즈 6작은술(30g), 설탕 6큰술(72g)
식초 6큰술(90g), 소금 ½작은술(2g)

❋ 만드는 방법

1 간장연겨자소스 재료를 준비한다.

2 볼에 연겨자와 마요네즈를 넣고 섞는다.

3 잘 섞은 바탕 소스에 간장, 설탕, 식초, 소금을
  넣고 고루 섞는다.

4 간장연겨자소스를 그릇에 담아낸다.

알아두기
• 연겨자가 들어가 개운한 매운맛을 낸다.

• 새우요리, 생선요리, 냉채요리 등에 이용하면 좋다.

• 들깨를 첨가하여 육류소스로 사용하면 감칠맛이 있어
  좋다.

된장배소스

❋ 재료 및 분량

된장 5½큰술(93g), 배 ½개(200g)
양파 ⅕개(30g), 마늘 ⅓작은술(2g)
매실액 2½큰술(42g)
플레인 요구르트 2½큰술(35g)
물 ½컵(100g), 깨소금 3큰술(18g)
설탕 3⅓큰술(40g), 소금 ½작은술(2g)

❋ 만드는 방법

1 된장배소스 재료를 준비한다.

2 배는 깨끗이 씻어 껍질을 벗긴 후 큼직하게 썬다.

3 양파, 마늘은 껍질을 벗기고 깨끗이 씻어
   큼직하게 썬다.

4 믹서에 준비한 재료를 모두 넣어 곱게 간다.

알아두기

• 된장의 진한 맛을 배와 플레인 요구르트가 중화시켜
  준다.
• 돼지고기나 닭고기를 먹을 때 같이 곁들이면 좋다.

된장키위소스

❋ 재료 및 분량

된장 6큰술(100g), 배 ¼개(125g), 키위 1개
청양고추 2개(20g), 홍고추 1개(10g)
양파 5g, 다진 마늘 ½작은술(3g)
레몬과육 ⅛개(20g), 매실액 2½큰술(42g)
깨소금 3큰술(18g), 설탕 6큰술(72g)
식초 4큰술(60g), 물 5큰술(75g)
소금 1½큰술(18g)

❋ 만드는 방법

1 된장키위소스 재료를 준비한다.

2 배와 키위는 깨끗이 씻어 껍질을 벗기고
   큼직하게 썬다.

3 청양고추와 홍고추는 깨끗이 씻어 씨를
   제거하고 송송 썬다

4 믹서에 준비한 재료를 모두 넣고 곱게 간다.

알아두기
• 된장의 진한 맛을 배와 플레인 요구르트가 중화시켜
  준다.
• 돼지고기나 닭고기를 먹을 때 같이 곁들이면 좋다.

된장마소스

❋ 재료 및 분량

된장 7큰술(119g), 마 200g
꿀 8큰술(152g), 식초 11큰술(165g)
청고추 2개(20g), 홍고추 1개(10g)
설탕 4큰술(48g), 소금 ⅓큰술(4g)

❋ 만드는 방법

1 된장마소스 재료를 준비한다.

2 마는 깨끗이 씻어 껍질을 벗기고 깍둑썰기 한다.
   청고추와 홍고추는 씨를 제거하고 곱게 다진다.

3 믹서에 된장, 마, 꿀, 식초, 설탕, 소금을 넣고
   곱게 간다.

4 마지막으로 곱게 다진 청고추와 홍고추를 넣고
   고루 섞는다.

알아두기

• 마가 들어가 부드럽고 담백한 맛을 낸다.

• 마 튀김요리, 채소샐러드, 수육 등에 활용하면 좋다.

된장견과류소스

재료 및 분량

된장 1컵(230g), 고추장 1큰술(19g), 양파 100g
다시마 국물 ½컵(100㎖), 꿀 2큰술(38g)
생강즙 ½작은술(2.8g), 설탕 1큰술(12g)
볶은 호두 2큰술(30g), 볶은 땅콩 2큰술(30g)
볶은 아몬드 2큰술(30g), 참기름 3큰술(39g)

만드는 방법

1 다시마는 젖은 면포로 깨끗이 닦고 냄비에
   물 한 컵과 함께 넣고 끓여 다시마 국물을 낸다.

2 양파는 깨끗이 씻어 곱게 다져 팬에 볶는다.

3 호두, 땅콩, 아몬드는 굵게 다진다.

4 볶은 양파에 된장, 고추장, 다시마 국물, 생강즙,
   꿀, 설탕을 넣고 약불에서 수분이 날아갈 때까지
   끓인 후 견과류와 참기름을 넣고 고루 섞는다.

알아두기

• 견과류가 많이 들어가 고소한 맛을 낸다.

• 삶은 고기의 소스, 여행 시 밑반찬으로 이용하면 좋다.

된장유자소스

※ **재료 및 분량**

된장 2큰술(265g), 고추장 3큰술(57g)
유자청 100g, 양파 70g
설탕 ½컵(80g), 소금 ½작은술(2g)
식초 3큰술(45g), 물 3큰술(45g)

※ **만드는 방법**

1 된장유자소스 재료를 준비한다.

2 양파는 깨끗이 씻어 곱게 다진다.

3 유자청에서 유자 건더기만 건져 곱게 다진다.

4 된장과 고추장에 다진 양파와 유자, 설탕, 소금,
   식초, 물을 넣고 골고루 섞는다.

알아두기

• 유자가 들어가 상큼하면서 향긋한 별미 소스이다.

• 흰살 생선구이에 활용하면 좋다.

된장들깨소스

재료 및 분량

된장 3큰술(51g), 들깻가루 8큰술(63g)
식초 8큰술(75g), 유자청 2큰술(50g)
다진 마늘 3큰술(16.5g), 들기름 ½큰술(7g)
소금 ½작은술(2g), 설탕 7큰술(84g)

만드는 방법

1 된장들깨소스 재료를 준비한다.

2 마늘은 곱게 다진다.

3 믹서에 된장과 유자청, 마늘, 식초를 넣고
  곱게 간다.

4 준비한 재료에 설탕과 들깻가루, 들기름을 넣고
  골고루 섞어 그릇에 담아낸다.

알아두기

• 들깻가루가 들어가 고소한 맛이 나고 소스의 점도를
  되직하게 해준다.

• 채소샐러드, 묵은 나물을 무칠 때 사용하면 좋다.

고추장매운맛소스

❋ 재료 및 분량

고추장 5큰술(95g), 고운 고춧가루 2큰술(14g)
사과 ⅓개(70g), 청양고추 30g, 홍고추 20g
플레인 요구르트 3큰술(45g), 설탕 4큰술(50g)
소금 1½작은술(6g), 물 ½컵(100g)

❋ 만드는 방법

1 청양고추와 홍고추는 깨끗이 씻어 꼭지를
   떼어내고 씨를 제거한 후 1㎝ 크기로 썬다.

2 사과는 깨끗이 씻어 씨를 제거하고 껍질째 크게
   썬다.

3 믹서에 고추장, 고춧가루, 사과, 청양고추,
   홍고추를 넣고 곱게 간다.

4 곱게 간 재료에 플레인 요구르트와 설탕, 소금을
   넣고 다시 한 번 더 간다.

알아두기

• 청양고추의 매콤한 맛을 플레인 요구르트의 부드러운
  맛이 중화시켜준다.
• 오징어 양념구이, 제육볶음에 이용하면 좋다.

고추장오렌지소스

❋ 재료 및 분량

고추장 5큰술(100g), 고운 고춧가루 2큰술(14g)
청양고추 15g, 홍고추 10g, 오렌지 200g
설탕 5큰술(60g), 소금 ½큰술(6g)
레몬즙 2½큰술(38g), 식초 4큰술(60g)

❋ 만드는 방법

1 청양고추, 홍고추는 깨끗이 씻어 씨를 제거한 후
  1㎝ 크기로 썬다.

2 오렌지는 껍질을 벗겨 섬유질을 제거하고
  크게 썬다.

3 레몬은 즙을 짜서 준비한다.

4 믹서에 고추장과 준비한 재료를 모두 넣고
  곱게 간다.

알아두기

• 오렌지의 상큼함과 청양고추의 매콤함이 조화를
  이루어 깔끔한 맛을 낸다.
• 쫄면이나 비빔국수에 이용하면 좋다.

고추장비빔국수소스

❋ 재료 및 분량

고추장 7큰술(130g), 고춧가루 2큰술(14g)
꿀 1큰술(19g), 사과 ¼쪽(15g)
다진 마늘 1큰술(16g), 설탕 1⅓큰술(16g)
깨소금 2작은술(4g), 참기름 1큰술(13g)
물 4큰술(60g), 식초 2큰술(30g)

❋ 만드는 방법

1 고추장비빔국수소스 재료를 준비한다.

2 사과는 껍질을 벗겨 강판에 갈아서 즙을 낸다.

3 마늘은 깨끗이 씻어 곱게 다진다.

4 볼에 준비한 재료를 모두 넣고 골고루 섞는다.

알아두기

• 사과즙을 넣기 때문에 설탕의 양을 줄여도 깊은 단맛을
  낸다.

• 주꾸미, 닭발 등의 재료를 매콤하게 볶을 때 사용해도
  좋다.

초고추장소스

재료 및 분량

고추장 9큰술(170g)
꿀 4큰술(76g), 설탕 4큰술(60g)
소금 1작은술(4g), 식초 8큰술(120g)

만드는 방법

1 초고추장소스 재료를 준비한다.

2 볼에 고추장, 꿀, 설탕을 넣고 설탕이
   녹을 때까지 잘 저어준다.

3 설탕이 녹으면 식초를 넣고 고루 섞는다.

4 통에 담아 냉장 보관한다.

알아두기

• 꿀이 들어가서 일반 고추장에 비해 식초의 양이 많이
  들어간다.
• 생선회, 면류 등에 이용할 수 있다.

고추장떡볶이소스

✳ 재료 및 분량

고추장 5큰술(95g), 간장 7큰술(126g)
고춧가루 6큰술(56g), 설탕 3큰술(36g)
물엿 1½큰술(24g), 다진 마늘 2½큰술(40g)
참기름 2작은술(8g), 통깨 2작은술(4g)
청주 1½큰술(22g), 물 1큰술(15g)

✳ 만드는 방법

1 볼에 고추장과 간장, 고춧가루, 설탕, 물엿을
   넣고 고루 섞는다.

2 다진 마늘과 참기름, 통깨, 청주, 물을 넣는다.

3 준비한 재료를 모두 넣고 잘 섞는다.

4 그릇에 담아낸다.

알아두기

· 고추장과 고춧가루의 맵기에 따라 소스의 매운 정도가
  달라진다.

· 돼지불고기, 북어구이 소스로 이용해도 좋다.

고추장비트사과소스

재료 및 분량

고추장 3큰술(57g), 사과 1개(250g), 비트 10g
마요네즈 1큰술(15g), 우유 4큰술(60g)
설탕 1큰술(12g), 소금 1½작은술(14g)

만드는 방법

1   고추장비트사과소스 재료를 준비한다.

2   사과는 껍질을 벗기고 씨를 제거한 후
    작게 썰어 팬에 노릇하게 볶는다.

3   비트는 껍질을 벗기고 굵게 다져 사과와 같이
    볶는다.

4   믹서에 볶은 사과와 비트, 고추장, 마요네즈,
    우유, 설탕, 소금을 넣어 곱게 간다.

알아두기

• 마요네즈와 우유가 들어가 부드러운 매운맛을 낸다.

• 담백한 흰살 생선에 곁들이거나 제육 소스로 활용하면
  좋다.

고추장요구르트소스

재료 및 분량

고추장 8큰술(152g), 된장 3큰술(51g)
사과 ¼개(70g), 키위 1개, 마늘 1쪽(5g)
양파 ⅕개(30g), 설탕 5큰술(60g)
플레인 요구르트 2큰술(30g)
물 ½컵(100㎖), 식초 5큰술(75g)

만드는 방법

1 고추장요구르트소스 재료를 준비한다.

2 사과와 키위는 깨끗이 씻어 껍질을 벗겨서 크게 썬다.

3 마늘과 양파는 깨끗이 씻어 편으로 썬다.

4 믹서에 준비한 재료를 모두 넣고 곱게 간다.

알아두기

• 사과, 키위 등 과일이 들어가 일반적인 고추장 소스에 비해 새콤달콤하다.

• 채소샐러드 소스로 활용하면 좋다.

장아찌 담그기

장아찌는 장을 뜻하는 '장아'와 간에 절인 채소를 뜻하는 '디히'가 합쳐져 '장에 담
근 채소'라는 뜻의 '장아찌'로 불리게 되었다. 장과(醬瓜)라고도 하는데, 무, 오이,
가지, 배추, 미나리, 도라지, 더덕, 마늘, 마늘종, 풋고추, 깻잎, 가지 등의 채소를 바
짝 말려서 장류(간장, 된장, 고추장)나 식초에 절였다가, 맛이 든 것을 그대로 또는 양
념해서 먹는 저장식품이며, 불로 익혀서 즉석에서 만드는 숙장과도 있다.

깻잎장아찌

재료 및 분량

깻잎 5단(85g)

양념장

진간장 1½큰술(27g), 멸치액젓 1큰술(15g)
마늘 1½쪽, 생강 ¼쪽, 물엿 ½작은술(2.5g)
양파 ⅕개, 고춧가루 ⅔큰술(5g), 통깨 ⅔큰술(5g)
채소 국물 2큰술(30g)

만드는 방법

1   깻잎은 한 장씩 깨끗이 씻어 물기를 뺀다.

2   마늘과 생강, 양파는 곱게 채 썬다.

3   채 썬 마늘, 생강, 양파와 진간장, 멸치액젓, 채소 국
    물, 물엿, 고춧가루, 통깨를 함께 넣고 걸쭉하게 양념
    장을 만든다.

4   깻잎을 두 장씩 겹쳐 놓고 양념장을 얹는다.

5   양념 얹은 깻잎들을 단지에 차곡차곡 담고 꼭 눌러
    놓는다.

알아두기

• 양념이 잘 배도록 꼭 눌러 담고 가끔씩 아래위를 바꿔준다.

• 깻잎이 억센 것은 소금물에 절였다가 끓는 물에 데쳐 된장양념을 해도 된다.

표고버섯 장아찌

말린 표고 25~30개(1개 5g 정도), 물 3컵(600㎖)

북어 국물

북어 1마리(70g), 다시마 30g, 대파 1줄기
양파 1개(150g), 청양고추 5개(50g), 물 10컵(2ℓ)

양념장

집간장 ½컵(120g), 진간장 ½컵(120g)
황설탕 2작은술(8g), 물엿 2큰술(38g)

무칠 때

참기름, 통깨 적당량

❋ 만드는 방법

1 말린 표고는 깨끗이 씻어 미지근한 물에 한 시간 정
도 불린다.

2 표고의 기둥을 떼어내고 꼭 짠다.

3 표고 불린 물에 물을 더 넣어 총 열 컵 분량이 되도록
한다. 북어와 다시마, 대파, 양파, 청양고추를 넣고
30분 정도 끓이다가 다시마를 넣고 5분 정도 더 끓
여 채에 거른다. 거른 국물에 양념장과 표고를 넣고
끓여서 ½ 정도로 졸인다.

4 표고는 건져 단지에 담고 달인 장을 부어 한 달 정도
숙성시킨다.

5 먹을 때 표고장아찌를 꺼내어 양념장을 꼭 짜고 곱게
채 썰어 통깨와 참기름으로 양념해서 그릇에 담아낸다.

알아두기

• 생표고를 이용하면 쫄깃하지 않고 무를 수 있으므로 말린 표고를 이용한다.

• 북어는 통북어를 사용하지 않고 머리나 껍질 등을 사용해도 된다.

• 오래 보관하고 먹으려면 집간장을 더 넣는다.

마늘종장아찌

마늘종 500g, 물 3컵(600㎖), 소금 ⅔컵(110g)
고추장 5컵(1250g), 소주 ½컵(100㎖)
물엿 ½컵(144g)
고춧가루, 통깨, 참기름 적당량

✱ 만드는 방법

1 마늘종은 소금물에 넣어 노르스름해질 때까지 한 달
   이상 삭힌다.

2 삭힌 마늘종을 씻어서 채반에 펼쳐 담고 꾸덕꾸덕하
   게 말려 5㎝ 길이로 썬다.

3 준비된 고추장에 마늘종이 푹 잠기도록 넣고 버무려
   서 단지에 담고 익힌다.

4 마늘종이 익으면 먹을 만큼씩 꺼내어 설탕, 깨소금,
   참기름 등을 넣고 갖은 양념을 한다. 담근 지 한 달
   후부터 먹을 수 있다.

알아두기

· 오래 두고 먹을 때는 마늘종을 소금에 절여두고 필요할 때마다 물기를 짜서 고추장에 비무러 먹는나.

· 마늘종은 길이가 길고 통통하며 연한 것을 구입한다.

· 소금에 절인 마늘종이 짤 때는 물에 담가 짠 맛을 뺀 후 장아찌를 담근다.

고추 장아찌

풋고추 1근(400g)

초절임 양념

진간장 1컵(240g), 식초(환만식초) ⅓컵(70㎖)
설탕 3큰술(36g), 물 ¾컵(150㎖)
굵은소금 ⅔큰술(8g), 소주 3큰술

❋ 만드는 방법

1 풋고추는 맵지 않고 껍질이 연한 것으로 골라서 깨끗
  이 씻고 물기를 뺀다.

2 풋고추에 바늘구멍을 2~3개 내고 단지에 담는다.

3 냄비에 물과 소금, 진간장, 설탕을 넣고 끓으면 식초
  와 소주를 넣고 단지에 붓는다. 고추는 떠오르지 않
  게 눌러놓는다.

4 3~4일이 지나면 간장만 따라내어 끓여 식힌 후 다시
  단지에 붓고 고추가 떠오르지 않도록 눌러놓는다. 이
  과정을 5일에 한 번씩 2~3회 정도 반복한다.

알아두기

• 고추 꼭지는 1㎝ 정도 남기고 자른다.

• 고추는 장아찌 장물에 잠겨 있어야 곰팡이가 생기지 않는다.

• 장아찌용 고추는 가을에 걷어내는 끝물 고추가 저장용으로 좋다.

오이장아찌

오이 10개(1.5kg), 물 10컵(2ℓ), 소금 ½컵(80g)
풋고추 7개(70g), 마늘 3통

양념장

진간장 1½컵(360g), 집간장 1컵(240g)
식초 1컵(200㎖), 설탕 1컵(160g), 물 1컵(200㎖)

✳ 만드는 방법

1 중간 크기의 오이와 풋고추를 깨끗이 씻어 물기를 빼
   고 오이는 소금물에 하루 정도 담가놓는다. 오이가
   꾸들꾸들해지면 건져 씻어내고 채반에 펴서 널어 하
   루 정도 말린다. 통마늘은 겉껍질은 모두 벗기고 얇
   은 속껍질만 한 겹 남기고 뿌리를 정리한 다음 깨끗
   이 씻는다.

2 오이와 풋고추, 통마늘을 항아리에 담고 무거운 돌로
   눌러놓는다.

3 냄비에 진간장과 집간장, 설탕을 넣고 팔팔 끓인 다
   음 식초를 넣고 항아리에 붓는다.

4 한 달 후부터는 먹을 수 있다. 먹을 때는 오이와 풋고
   추를 썰어 파, 마늘, 깨소금, 참기름을 넣고 양념하고
   마늘을 곁들여 먹는다.

알아두기

- 오이덩굴을 걷을 때 상품성이 떨어지고 크기가 작은 오이를 따서 담가도 좋다.

- 오이는 백다다기를 이용하면 아삭아삭하고 잘 무르지 않는다.

- 오이장아찌를 담글 때 오이가 너무 크면 씨가 많고 억세어 긴이 덜 배고 맛이 좋지 않으므로 작고 통통한 것을
  사용한다.

- 날씨가 더울 때는 일주일 정도 지나 장물을 한두 번 다시 끓여 부어도 좋다.

알타리장아찌

총각무 1kg
청양고추 10개(100g), 홍고추 5개(50g)

초절임 간장
진간장 1컵(240g), 식초 1컵(200㎖)
설탕 ⅔컵(100g), 소금 3큰술(36g)

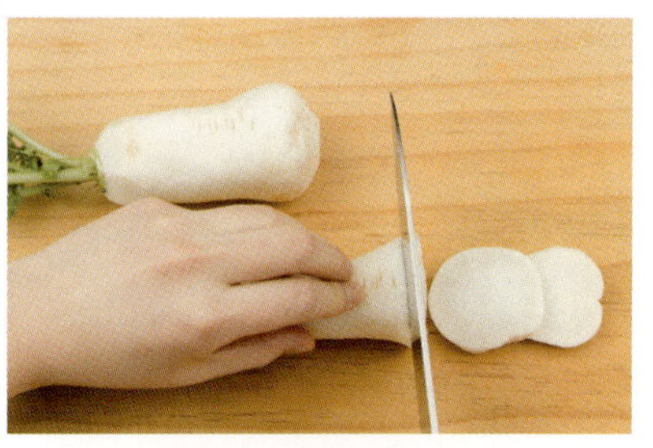

* 만드는 방법

1 총각무는 깨끗이 씻고 0.5㎝ 두께로 동글동글하게 썬다.

2 청양고추와 홍고추는 2㎝ 크기로 동그랗게 썰어 씨를 털어놓는다.

3 냄비에 설탕, 간장, 소금을 한데 섞어 살짝 끓인 다음 식초를 넣고 초절임 간장을 만든다.

4 항아리에 총각무와 고추를 담고 초절임 간장을 부어 3일 정도 서늘한 곳에 보관한다. 맛이 들면 바로 먹을 수 있다.

알아두기

• 총각무는 겉이 매끄럽고 섬유질이 없어 질기지 않은 것이 좋다.

• 초롱무를 사용할 수 있다.

• 무청의 연한 줄기를 같이 사용해도 좋다.

통마늘장아찌

❋ 재료 및 분량

통마늘 30개, 소금 ½컵(80g)
식초 1컵(200㎖), 물 7½컵(1.5ℓ)

양념장

마늘 삭힌 물 4컵(800㎖), 다시마 국물 3컵(600㎖)
국간장 1½컵(360g), 진간장 1½컵(360g)
설탕 2컵(320g)

❋ 만드는 방법

1. 통마늘은 겉껍질을 모두 벗기고 얇은 속껍질만 한 겹 남기고 깨끗이 씻어 물기를 뺀다.

2. 준비한 마늘을 항아리에 담고 물과 식초를 섞어 마늘이 자작하게 잠길 정도로 붓고 10일 정도 시원한 곳에 보관한 다음 식초물을 따라낸다.

3. 마늘 삭힌 물에 나머지 양념장 재료를 모두 넣어 끓인 후 식혀서 마늘에 붓는다.

4. 20일 정도 지나 마늘이 노르스름해지면 양념물만 따라내어 끓여 식힌 후 붓는다. 일주일 후에 이 과정을 한 번 더 반복한다.

알아두기

- 통마늘장아찌는 하지 이전에 담그며 여러 해 묵을수록 좋다.

- 여름철 더위에 잃기 쉬운 식욕을 돋워준다.

- 통마늘장아찌는 시간이 지날수록 맛이 부드러워지므로 오래 두고 먹을 수 있다.

- 통마늘장아찌는 소금으로만 하얗게 담그거나 간장을 부어 검게 담그기도 한다.

- 식초와 설탕의 양은 식성에 따라 가감해도 좋다.

더덕장아찌

❄ 재료 및 분량

더덕 400g, 소금 ½큰술(6g)

고추장양념

고추장 ⅘컵(200g), 간장 ½컵(120g)
물엿 ½컵(144g)

무침 양념

다진 파, 다진 마늘, 설탕, 깨소금, 참기름 적당량

❄ 만드는 방법

1 더덕을 깨끗이 씻어 껍질을 벗기고 길이로 2등분한
   다. 소금물에 담가 떫은맛을 우려낸 후 물기를 닦고
   밀대로 밀어 부드럽게 만든다.

2 채반에 펴서 널고 소금을 살짝 뿌려서 꾸덕꾸덕하게
   말린다.

3 고추장에 간장과 물엿을 넣고 섞어 더덕에 ½ 정도를
   넣고 주물러 면 주머니에 담는다.

4 항아리 밑에 고추장을 얇게 펴담고 면 주머니를 고추
   장 위에 올리고 그 위에 나머지 고추장 양념을 넉넉
   히 담아 눌러놓는다.

5 10일 정도 지난 후에 더덕장아찌를 꺼내어 먹기 좋
   게 찢는다. 다진 파, 다진 마늘, 설탕, 깨소금, 참기름
   을 넣어 무쳐 그릇에 담아낸다.

알아두기

- 더덕장아찌를 고추장에 1년 이상 두면 더덕이 삭을 수가 있으니 너무 오래두지 않는다.

- 더덕장아찌를 먹을 때는 고추장을 훑어내고 양념에 무친다.

참외장아찌

❋ 재료 및 분량

고추장 8컵(2kg), 물엿 2컵(576g)
참외 3kg, 소금 1½컵(240g)

❋ 만드는 방법

1 덜 익은 참외를 길이로 2등분하고 속을 긁어낸 뒤 물에 씻는다. 소금을 뿌리고 떠오르지 않도록 무거운 것으로 눌러서 15일 정도 절인다.

2 15일 후 꺼내서 짠맛이 빠지도록 물에 담갔다가 깨끗이 씻고 2~3일 정도 햇볕에 꾸덕꾸덕하게 말린다.

3 고추장과 물엿을 섞어서 말린 참외에 넣고 버무려 항아리에 꼭꼭 눌러 담고 위에는 고추장을 넉넉히 올려 2~3개월 정도 숙성시킨다.

4 참외가 맛이 잘 배었으면 먹을 때 물에 씻어 잘게 썰거나 채 썰어 갖은 양념에 무쳐 그릇에 담아낸다.

알아두기

- 참외를 소금에만 절였다가 소금물이 많이 생기면 끓여서 뜨거울 때 1~2회 정도 부어서 담글 수도 있다.
- 소금에만 절여놓았던 참외는 1년 내내 필요할 때 마다 꺼내 짠맛을 빼고 갖은 양념에 무치거나 냉국을 만들어 먹어도 좋다.
- 고추장 항아리에 참외를 박아두면 참외에서 물이 나와 고추장이 변질되므로 고추장을 덜어내서 따로 담그는 것이 좋다.

사과장아찌

재료 및 분량

사과 2kg

양념장

고추장 2컵(500g), 멸치액젓 4큰술(60g)
고운 고춧가루 4큰술(28g), 양파효소 $\frac{1}{2}$컵(115g)
조청 $\frac{1}{2}$컵(144g), 소주 $\frac{1}{4}$컵

만드는 방법

1 사과는 깨끗이 씻고 4등분하여 속을 빼고 0.3㎝ 두께로 썬다.

2 썬 사과를 채반에 펼쳐 널고 꾸덕꾸덕하게 말린다.

3 양념재료를 골고루 섞어 말린 사과에 $\frac{1}{3}$을 넣고 잘 버무려 면 주머니에 넣는다.

4 항아리 밑에 양념장 $\frac{1}{3}$을 깔고 사과를 넣은 면 주머니를 넣고 그 위에 나머지 양념장을 꼭꼭 눌러 담는다. 10일 정도 숙성시키면 먹을 수 있다.

알아두기

- 사과는 단단하고 아삭한 것으로 준비한다.
- 사과를 너무 바싹 말리면 질겨서 좋지 않다.
- 사과는 볕에 말리거나 건조기에 말려도 된다.

호두장아찌

✳ 재료 및 분량

호두 깐 것 400g

달인 간장

간장 1컵(240g), 물 2컵(400㎖), 술 3큰술(45g)
식초 2큰술(30g), 설탕 ½컵(80g), 물엿 ½컵(144g)

고추장양념

고추장 1½컵(375g), 물엿 ¼컵(72g)

✳ 만드는 방법

1 호두의 딱딱한 겉껍질을 제거하고 2등분한 다음 끓
   는 물에 살짝 데친다.

2 망사로 된 주머니에 호두를 넣고 항아리에 담는다.

3 냄비에 달인 간장 재료를 모두 넣고 낮은 불에서 20분
   정도 끓여서 식힌 후 항아리에 붓는다.

4 약 15~30일 정도 지나 맛이 들면 호두를 건져 채반
   에 널어 간장 물기를 뺀다. 간장물이 빠진 호두를 고
   추장에 넣고 버무려서 항아리에 꼭꼭 눌러 담고 나머
   지 고추장을 위에 올려 한 달 정도 숙성시킨다.

알아두기

• 호두를 끓는 물에 살짝 데친 후 말려 사용하면 호두 속껍질의 떫은맛을 없앨 수 있다.

• 호두 속껍질을 벗기면 호두가 물러서 뭉개지므로 벗기지 않는다.

곤드레장아찌

곤드레 나물 1kg, 간장 1½컵(360g)
설탕 1½컵(240g), 식초 1½컵(300㎖)

❋ 만드는 방법

1 곤드레 나물을 깨끗이 씻어 물기를 뺀다.

2 꼭 짜서 차곡차곡 항아리에 담는다.

3 냄비에 간장과 설탕을 넣고 끓인 다음 식초를 혼합
   한다.

4 식은 후 항아리에 붓고, 일주일 정도 지난 후 먹는다.

알아두기

• 곤드레는 단백질이 풍부하며 혈액 순환에 좋은 음식이다.

• 억센 곤드레는 끓는 물에 데쳐 꾸덕꾸덕하게 말려 장아찌를 담근다.

• 곤드레 철이 아닐 때는 말린 곤드레를 불려서 사용해도 좋다.

산초장아찌

✳ 재료 및 분량

산초 100g

양념간장

간장 1컵(240g), 물 ½컵(100㎖)
설탕 2큰술(24g), 식초 ½컵(100㎖)

✳ 만드는 방법

1　산초는 잘 다듬는다.

2　다듬은 산초를 깨끗이 씻어 물기를 제거한다.

3　항아리에 손질한 산초를 담는다.

4　끓여놓은 양념간장을 붓고 산초가 떠오르지 않게 눌러놓는다. 100일 정도 숙성시키면 먹기에 알맞다.

알아두기

• 산초는 덜 익은 것으로 사용한다.

• 사찰에서 스님들이 즐겨 먹는 장아찌이다.

죽순장아찌

죽순 1kg, 다시마 1장, 멸치 50g

달임장

진간장 1컵(240g), 조선간장 ½컵(120g)
설탕 2컵(320g), 물엿 1컵(288g), 물 2컵(400㎖)
고추장 1컵(250g), 건고추 10개

✳ 만드는 방법

1 죽순을 껍질째 쌀뜨물에 넣고 20분 정도 삶다가 약
   불로 줄여 20~30분 정도 더 삶은 후 불을 끄고 그대
   로 식힌다. 삶은 죽순의 껍질을 벗기고 아린 맛을 제
   거하기 위해 2시간 정도 맑은 물에 담갔다가 깨끗이
   씻어 물기를 뺀다.

2 물에 멸치와 다시마를 넣어 멸치다시마 국물을 만들
   고 달임장 재료를 넣어 한 시간 정도 약불에서 졸인다.

3 항아리에 죽순과 달임장을 넣고 5일에 두 번 정도
   3분씩 끓여 식혀 붓는다.

4 죽순을 항아리에서 꺼내 물기를 말리고 고추장에 박
   는다. 20일 정도 지난 후 갖은 양념으로 무쳐 담아낸다.

알아두기

• 죽순을 삶을 때는 껍질을 벗기지 않는다.

• 신선한 죽순이 없으면 통조림 죽순을 사용한다.

김장아찌

❋ 재료 및 분량

김 70장, 통깨

간장 4컵(960g), 청주 1컵(200㎖), 물 1컵(200㎖)
조청 3컵(864g), 멸치 ¼컵, 말린 표고 2개
다시마 1장(10×10㎝), 건고추 2개
무 200g, 대파 2뿌리, 마늘 5개
양파 ½개(70g), 생강 1쪽

❋ 만드는 방법

1 김은 비벼서 불순물을 제거하고 열 장씩 겹쳐서 길이
   로 2등분하고 겹쳐서 다시 가로로 3~4등분한다.

2 장아찌 담을 항아리에 준비한 김을 얹어가며 한 덩어
   리씩 차곡차곡 담고 통깨를 뿌린다.

3 소스 재료를 모두 합해 30분간 끓여 체에 밭친 후 식
   힌다.

4 김 위에 가만히 부었다가 2주일 후부터 먹는다.

알아두기

• 바다 냄새가 나고 맛이 있다.

• 김을 실로 묶어 사용해도 좋다.

• 김은 돌김보다는 두껍고 매끄러운 것이 좋다.

• 묵은 김을 사용해도 좋다.

다시마장아찌

다시마 50g, 진간장 1컵(240g)
황설탕 ¼컵(40g), 물엿 ½컵(144g)

멸치 국물

멸치 20g, 북어 50g, 마늘 3쪽, 생강 3g
양파 100g, 대파 ½줄기, 물 5컵(1ℓ)

무침 양념

참기름, 통깨, 고운 고춧가루

✽ 만드는 방법

1 다시마는 줄기가 부드럽고 도톰한 것으로 준비해서
   길이로 반을 갈라 10㎝ 크기로 자르고 깨끗이 손질
   한다.

2 냄비에 분량의 물과 멸치, 북어, 양파, 마늘, 생강,
   양파, 대파를 넣고 끓여 2½컵(500㎖)이 되도록 멸치
   국물을 만든 다음 체에 거른다.

3 걸러낸 국물에 진간장과 황설탕, 물엿을 넣고 끓으면
   다시마를 넣고 한소끔 더 끓여 다시마는 건져놓는다.

4 다시마를 돌돌 말아서 항아리에 차곡차곡 담고 끓인
   장물을 붓고 무거운 것으로 눌러 20일 정도 숙성시
   킨다.

5 먹을 때 꺼내어 곱게 채 썰어 참기름과 고춧가루, 통
   깨를 뿌려 내놓는다.

알아두기

• 위의 레시피로 했을 경우 짜지 않고 맛있지만 오래 두고 먹을 경우에는 간장의 양을 늘려야 한다.

• 다시마는 젖은 면포로 닦아서 사용한다.

황태매실청장아찌

황태채 500g, 구기자 1컵, 간장 1컵(240g)

양념장

고추장 3컵(750g), 고춧가루 1컵(93g)
조청 1컵(288g), 매실청 1컵(230g)
미림 1컵(200㎖), 꿀 ½컵(150g), 통깨

※ 만드는 방법

1　황태채는 가시를 제거하고 3㎝ 길이로 자르고 1㎝ 정도의 굵기로 찢어 손질한다.

2　볼에 구기자 한 컵과 간장 한 컵을 넣어 5분 정도 불린 다음, 약한 불에 5분 정도 끓여 체에 밭친다.

3　준비한 구기자 간장에 양념장을 모두 넣고 서서히 저어가며 끓인다.

4　식힌 양념장에 황태채를 넣고 버무려 항아리에 담아 10일 정도 숙성시킨다.

알아두기

• 황태채는 부드럽게 손질된 것을 이용하면 쉽게 만들 수 있다.

• 매운 것을 좋아하면 청양고춧가루를 사용해도 좋다.

• 매실청 대신 양파효소를 넣어도 된다.

굴비장아찌

✳ 재료 및 분량

굴비 10마리

고추장양념

고추장 1kg, 물엿 1컵(288g)

진간장 ⅓컵(80g)

무침 양념

통깨 1작은술, 참기름 1큰술

✳ 만드는 방법

1 굴비는 비늘을 긁어내고 내장과 지느러미, 꼬리를 제
   거하여 깨끗이 손질한다. 채반에 널어 햇볕에 꾸덕꾸
   덕하게 말린다.

2 그릇에 고추장, 진간장, 물엿을 넣고 섞어 고추장양
   념을 만들어 굴비에 골고루 바른다.

3 항아리에 고추장양념장을 굴비와 켜켜로 넣고 두 달
   정도 숙성시킨다.

4 숙성이 잘된 굴비는 먹을 때 0.5㎝ 굵기로 찢은 다음
   통깨와 참기름을 넣고 무쳐 그릇에 담아낸다.

알아두기

• 바싹 마른 굴비로 장아찌를 담그면 딱딱하니 조금 덜 마른 굴비가 적당하다.

• 굴비장아찌가 잘 찢어지지 않으면 포를 떠서 채 썬 후 양념에 무쳐 내놓는다.

가나다순